HISTOIRE

PHYSIQUE ET MORALE

DE LA FEMME.

ANGERS

JULIEN LECERF, IMPRIMEUR-LIBRAIRE

PLACE SAINT-MARTIN, 1.

HISTOIRE
PHYSIQUE ET MORALE
DE LA FEMME

PAR

CLÉMENT OLLIVIER

MÉDECIN

CHEVALIER DE LA LÉGION D'HONNEUR, ETC.

Membre de l'Académie royale de Médecine et de Chirurgie de Barcelonne, de la Société Académique de Maine-et-Loire, etc, etc.

Primum quidem, igitur generationem non ab uno fieri necesse est : quonam enim pacto unum, cum existat, aliquid generabit, nisi cum aliquo misceatur?...

(Hyp... *De Naturâ hominis.*)

DÉPOT :

A ANGERS, CHEZ JULIEN LECERF, IMPRIMEUR-LIBRAIRE
Place Saint-Martin, 1,
ET CHEZ LES PRINCIPAUX LIBRAIRES.

1857.

PRÉFACE.

C'est en 1775 que le docteur Roussel publia son immortel ouvrage sur la femme; et, depuis cette époque, tout ce qui a paru sur le même sujet a semblé revêtir le cachet d'élucubrations plus ou moins érotiques, comme si la physiologie de la femme ne pouvait prêter qu'au scandale et au libertinage.

En publiant cet ouvrage, nous avons pensé qu'une semblable tâche nous imposait l'impérieux devoir de traiter notre sujet sous un point de vue plus sérieux et surtout plus moral.

Nous avons partagé notre livre en deux parties. Dans la première partie, nous avons étudié la femme au point de vue moral. Dans la seconde partie nous l'avons étudiée au point de vue physique.

La première partie renferme l'étude de la femme dans deux catégories bien distinctes ; savoir : Étude de la femme esclave ou soumise aux lois païennes ou de l'Alcoran ; et, Étude de la femme libre ou vivant à l'abri des doctrines du Christ.

Dans cette première partie, nous avons fait ressortir, quoique d'une manière succincte, les mœurs et usages de la femme dans les principales régions du globe. Nous avons pensé qu'il était tout à fait inutile d'entreprendre la description des mœurs des femmes de peuplades sauvages, notre but étant de mettre en relief les avantages de la femme chrétienne ou libre, sur la femme païenne ou esclave, contraste qui se trouve suffisamment établi entre la femme européenne et la femme orientale.

Dans la seconde partie, après avoir décrit l'anatomie sexuelle de la femme, nous avons commencé son histoire physiologique qui offre un intérêt tout nouveau, autant aux hommes de science qu'aux gens du monde, en raison des travaux récents publiés sur la génération, travaux qui, en venant confirmer des opinions déjà depuis longtemps émises mais oubliées, ont acquis à la science d'intéressantes découvertes, qui laissent bien loin en arrière toutes les théories généralement adoptées de nos jours.

Notre livre aura donc le mérite de populariser les travaux remarquables et tout nouveaux des savants, sur la génération.

Nous espérons, pour notre livre, toute la faveur du public, faveur que nous nous sommes efforcé de mériter par notre réserve, dans un genre où il est si facile de blesser les oreilles modestes et honnêtes.

Sans avoir eu l'intention de nous poser comme un défenseur du beau sexe, nos études, nos recherches, aussi bien que nos goûts, nous ont obligé à devenir son défenseur, lorsque tant d'autres n'ont su trouver, en pareille occasion, que calomnies et injures.

Pourquoi déverser l'injure sur celles qui, en

nous rendant heureux, compromettent leur repos et souvent leur honneur? excusons-les au moins, si nous ne les secourons, ce ne sera pas faire grand effort de générosité.

La physiologie de la femme ne doit pas être considérée seulement au point de vue romanesque, comme le prétendent la plupart des auteurs : en effet, il ne faut pas perdre de vue que l'étude seule de la physiologie peut conduire à des connaissances exactes en thérapeutique, et que c'est en négligeant ce point essentiel que, jusqu'à ce jour, on a abandonné à l'empirisme le traitement des maladies des femmes.

Le rationalisme médical dérive essentiellement des connaissances physiologiques; et l'on ne doit prétendre à aucun succès en médecine, aussi bien dans le traitement des maladies des femmes, que dans celui des autres affections, si on s'éloigne de cette règle qui est de la plus grande précision. Tel est le principe auquel nous devons nos succès dans le traitement des maladies des femmes, dont nous nous sommes fait une spécialité déjà depuis vingt années.

Nous avons retracé avec d'autant plus de soins cette histoire physiologique, que notre intention est de faire suivre ce travail de l'*Histoire pathologique de la Femme*, ouvrage dans lequel nous détaillerons nos opinions et le fruit de notre expérience. Nous prouverons par de nombreux faits, dans cette nouvelle publication, toute la supériorité du rationalisme médical sur les moyens empiriques encore en vigueur jusqu'à ce jour.

Les fonctions sexuelles chez la femme réagissent sur l'organisme, de manière qu'au point de vue médical, les affections particulières aux femmes forment un cadre tellement distinct, qu'elles exigent des études et surtout une aptitude toutes spéciales.

C'est là une vérité qui semble avoir été entièrement oubliée et dont nous nous proposons de démontrer la parfaite évidence.

HISTOIRE PHYSIQUE ET MORALE DE LA FEMME.

PREMIÈRE PARTIE.

ORIGINE DE LA FEMME.

Dieu, en tirant l'homme du néant pour donner un souverain à la terre, voulut qu'à l'exemple des animaux déjà créés et soumis à son empire, ce nouveau maître du monde eût une compagne, avec le concours de laquelle il pût perpétuer son espèce; et pour montrer l'intimité qui devait exister entre ces deux êtres intelligents créés l'un pour l'autre, il fit naître, dit l'Écriture Sainte, la femme d'une côte de l'homme.

La femme, cette perfection de la création, ce chef-d'œuvre de la divinité, a donc cette supériorité sur l'homme, que celui-ci a été tiré du limon, tandis qu'elle-même est née d'un être déjà créé, et établi par le maître de tous pour régner sur tout.

Déjà l'homme était regardé par le Créateur comme son chef-d'œuvre; mais il voulut essayer si, de ce chef-d'œuvre, il ne pourrait faire naître quelque chose de mieux encore, et de cet essai naquit la femme, qui fut le chef-d'œuvre par excellence, le chef-d'œuvre des chefs-d'œuvre.

Telle est l'origine de la femme, plus noble, plus élevée que celle de l'homme, puisqu'elle est la dernière expression de la volonté de l'Être suprême, et le dernier effort du génie sublime de l'inventeur de toute chose.

Tant de précaution de la Divinité n'indiquait-il pas déjà le rôle qui, d'après la création, devait être départi à la femme, elle aussi à son tour créatrice future de l'homme?

Mais, hélas! cette procréation ne devait plus être l'effet puissant de la volonté de Dieu, car elle devait être accompagnée des douleurs cruelles de l'enfantement.

Le sort pénible, et pourtant si glorieux, réservé par Dieu à la créature qui semblait dès l'abord devoir être l'objet de toutes ses prédilections, ne paraît-il pas établir un contraste frappant avec la sollicitude apportée par la Divinité dans la création de cet être parfait ?.... Mais Dieu, en attachant aux fonctions procréatrices des conditions si dures, a voulu faire comprendre à l'homme combien était immense la prérogative qu'il lui accordait de reproduire son espèce, prérogative qui, si elle eût été accompagnée de ses seuls attraits, eût trop enflé l'orgueil de l'homme déjà si vain de commander sur la terre.

Peut-être aussi les douceurs si ineffables de la maternité eussent eu moins de prix pour la femme, si elles n'eussent été précédées par ces douleurs si cruelles et pourtant si vite oubliées; car le bonheur procure peu de jouissance à qui n'a jamais connu le malheur. Tant il est vrai que la justice divine a su tout compenser.

Tous les interprètes des livres sacrés ne s'accordent pas sur l'origine de la femme. Les Rabbins ne croient pas que la femme fut créée comme l'homme à l'image de Dieu, ils assurent qu'elle fut moins parfaite, parce que, disent-ils, Dieu ne l'avait formée que pour lui servir d'aide dans le grand œuvre de la reproduction de l'espèce.

On trouve dans l'histoire des Juifs que Dieu ne voulut point former la femme de la tête de l'homme, ni des yeux, ni de toute autre partie susceptible de lui imprimer des défauts que, malgré ces précautions, elle sut bien, disent-ils, contracter.

Les Rabbins ont traduit le mot hébreux *Stelach* par celui de côté au lieu de côte, parce que, disent-ils, le premier homme était double et androgyne, et qu'on n'eut besoin que d'un coup de hache pour séparer les deux corps ; mais les Rabbins ont emprunté cette fable à la philosophie de Platon.

D'autres écrivains disent que Moïse ne parle point que Dieu eût donné une âme à la première femme ; mais remarquons en passant que la femme était extrêmement maltraitée par la loi juive. Personne ne s'est jamais abandonné aux femmes avec plus de frénésie que Salomon, et pourtant jamais personne ne les a tant injuriées que cet écrivain sacré.

Il appartenait à la loi chrétienne de défendre la femme contre les lois et les usages barbares de l'Orient, et le premier défenseur de ce sexe faible fut l'Homme-Dieu, lui descendu sur la terre pour protéger le faible contre le fort, l'âme contre l'instinct.

La prétendue androgynie du premier homme, répétée par les Rabbins, est une idée empruntée par eux aux ouvrages grecs des disciples de Platon.

C'est ainsi qu'il fut dit que Dieu était mâle et femelle. C'est de pareilles monstruosités que sont nés les Éons et les hermaphrodites.

Synésius, évêque chrétien, a aussi attribué à Dieu les deux sexes, ce qui prouve que l'orgueil de l'homme tend sans cesse à comparer à son essence matérielle et impure ce que son œil n'a pas la puissance d'entrevoir. Pauvre humanité, quand donc auras-tu la conscience de tes misères ?...

Une secte chrétienne prétendait que, lorsque Dieu créa l'homme, il ne le forma ni mâle ni femelle ; mais que la distinction des sexes est l'ouvrage du diable.

Manassa, Ben-Israël, Maimonid, prétendent qu'Adam fut créé homme et femme, homme d'un côté, femme de l'autre, et qu'il était ainsi composé de deux corps que Dieu ne fit que séparer.

Platon dit que les dieux avaient d'abord formé l'homme d'une figure ronde avec deux corps et deux sexes ; ce tout bizarre était d'une force extraordinaire qui le rendit insolent. L'androgyne résolut de faire la guerre aux dieux : Jupiter irrité l'allait détruire ; mais fâché de faire périr en même temps le genre humain, il se contenta d'affaiblir l'androgyne en le séparant en deux moitiés. Il ordonna ensuite à Apollon de perfectionner ces deux demi-corps, et d'étendre la peau afin que toute leur surface en fût couverte; Apollon obéit et la noua au nombril. Si cette moitié se révolte, elle sera encore subdivisée par une section qui ne lui laissera qu'une des parties qu'elle a double, et ce quart d'homme sera anéanti s'il persiste dans sa méchanceté.

L'idée de cette androgynie pourrait bien venir d'un passage emprunté aux livres de Moïse, où cet historien de la naissance du monde dit qu'Ève était l'os des os, la chair de la chair d'Adam. C'est de là que quelques poètes ont fait naître la cause de ce penchant qui entraîne un des sexes vers l'autre, en raison de l'ardeur naturelle qu'ont les moitiés de l'androgyne pour se rejoindre.

Ils attribuent aussi l'inconstance à la difficulté qu'a chaque moitié à rencontrer sa semblable.

Dieu, en faisant naître la femme du premier homme, ne semble pas avoir eu pour but d'en faire un être supérieur à l'homme, mais bien de lui faire comprendre l'union intime qui doit exister constamment entre deux êtres créés l'un pour l'autre, et de démontrer à l'homme combien doit lui être cher un être qu'il a fait naître de lui-même, ou plutôt qui est une partie de lui-même.

L'homme sans la femme est un être incomplet.

La femme sans l'homme retombe dans le néant.

La femme, disent les Écritures, n'est qu'un embryon qui a besoin du concours de l'homme pour arriver à la perfection.

La femme, être passif, est l'instrument dont devait se servir la Divinité pour multiplier l'espèce humaine; et pour que ce grand but de la reproduction de l'espèce reçût plus sûrement son accomplissement, elle fit en sorte que la beauté de la femme fût douée de telles perfections, qu'elle renfermât une attraction irrésistible pour l'homme, qui, par la hardiesse de ses formes, par la noble expression de son visage et sa force physique, ne devait point cesser de régner sur l'univers.

A l'homme ont été départis la force et le courage, à la femme la douceur et la modestie.

Chez l'homme les muscles, qui sont les principaux instruments de la force animale, se montrent en relief et tendent à donner à chaque organe une forme plus décidée; la teinte du visage, qui est recouvert d'une barbe plus ou moins touffue, sa voix plus ou moins grave et forte, annoncent la vigueur; son instinct le porte à braver les périls; sa taille haute, sa démarche fière, ses mouvements souples et assurés, tout dénote la force et porte l'empreinte du sexe qui doit asservir et protéger l'autre.

La femme, délicate et tendre, conserve toujours quelque chose du tempérament propre à l'enfance; ses muscles arrondis, ses formes où le gracieux des contours se marie à la mollesse des tissus; cette modestie, cette timidité qui la portent à s'éloigner de tout péril; ce regard doux et langoureux qui semble plutôt implorer; cette démarche onduleuse et pleine de grâces qui semble plutôt faite pour séduire que pour commander; tout dans la femme dénote le sexe qui demande protection et amour.

RÉFLEXIONS

SUR L'ORIGINE DES RACES HUMAINES.

Maintenant, si nous parcourons les différentes régions de notre globe, nous observons des hommes qui semblent nés d'une autre espèce que la nôtre.

De toutes les variétés connues, on peut former quatre groupes, dont la couleur, les formes, sont extrêmement tranchées.

Ces quatre groupes peuvent se distinguer par la couleur de la peau, et former autant de races particulières, qui sont : la race blanche, dite race Caucasienne ; la race jaune, dite Mogole, la race noire et la race rouge ou Américaine.

Ces quatre races sont-elles sorties d'une même souche ; ont-elles eu une même origine?... Telle est la question qui vient se présenter naturellement à l'esprit ; mais qui, outre qu'elle a paru insoluble aux physiologistes les plus savants, s'éloigne entièrement de notre sujet. En effet, notre tâche étant de tracer la physiologie générale de la femme, nos études nous reporteront sur les quatre races d'où semblent dériver les diverses espèces, sans qu'il puisse nous importer beaucoup si ces quatre races sortent ou non d'une même origine, d'une même souche.

Selon nous, et d'autres qui ont plus de poids que nous, mais qui pensent de même; depuis le ciron le plus imperceptible jusqu'au modèle de perfection physique, qui est l'homme, tous les êtres semblent s'élever par un enchaînement successif et graduel dans l'échelle animale. Maintenant, rechercher si les différentes races qui constituent l'espèce humaine descendent d'une même souche, nous paraît un problème difficile à résoudre, nous l'avons déjà dit; ce que nous nous efforcerons de démontrer, c'est qu'il existe des différences notables entre les femmes de couleur et de nature différentes.

Du reste, si nous admettons que Dieu, en créant les divers genres d'animaux, ait distribué chaque genre en plusieurs variétés, il ne répugne pas plus à la raison d'admettre que, dans le genre homme, il ait également créé des variétés différentes, que nous désignons aujourd'hui sous le nom de races, dont les attributs distinctifs sont tellement tranchés, qu'il est impossible de les méconnaître, soit par la couleur de la peau, soit par la configuration des parties molles, soit par la charpente osseuse elle-même.

Vouloir soustraire l'homme à une loi aussi généralement établie dans la nature, et aussi bien tranchée pour notre espèce que pour le restant de l'échelle animale, est une absurdité au premier chef : il y a autant de différence entre une femme de Papou, et plus même, et une Vénus de Médicis, qu'entre un dogue et une levrette.

On s'est trop appuyé sur les traditions historiques dont on s'est toujours exagéré l'importance. L'orgueil de l'homme, en voulant soustraire son espèce à la loi commune, ne peut que prouver davantage la misère de son origine. L'homme ressemble beaucoup au parvenu qui rougit de sa naissance.

Du papou à l'orang-outang, quelle est la distance?... A peine en existe-t-il... Et ce papou est pourtant un homme. Mais entre l'homme et les êtres surnaturels, où est le premier échelon?... En vain notre orgueil le cherchera-t-il dans la matière, il ne pourra le trouver que dans l'essence divine qui nous donne la vie et la réflexion, dans notre âme, qui, elle, n'a pas de forme, est incomprise, impalpable.

Ainsi donc, que Dieu, sortant de la règle qu'il a établie pour le reste de la création, ait créé une seule variété d'hommes ou non, toujours est-il qu'aujourd'hui l'espèce humaine se partage, comme je l'ai dit plus haut, en quatre races parfaitement distinctes.

Parmi les races humaines, celle qui se distingue à un plus haut degré par la beauté des formes, par l'intelligence, est la race blanche, dite aussi race caucasienne.

ATTRIBUTS DE LA FEMME

CHEZ LES DIFFÉRENTES RACES.

Si nous considérons la femme dans les diverses races, nous la trouvons partout relativement la même à l'égard de son espèce.

Le squelette de la femme diffère sensiblement de celui de l'homme. La femme a le tronc plus allongé; le milieu du corps tombe chez elle entre l'ombilic et le pubis; chez l'homme, il répond à l'arcade pubienne.

Les os de la femme n'offrent point ces empreintes profondes qui, chez l'homme, dénotent la puissance des attaches musculaires; les os, moins volumineux, sont aussi moins durs; leurs apophyses, leurs courbures sont aussi moins prononcées.

En général, la boite osseuse du crâne offre moins de capacité chez la femme que chez l'homme; le frontal moins évasé offre moins d'élévation; tous les os du crâne sont moins épais. Mais c'est surtout le tronc qui offre les différences les plus remarquables.

Les clavicules sont moins courbées et plus droites que dans l'homme; la poitrine, par conséquent, est moins évasée : elle perd en largeur ce qu'elle gagne en hauteur par une plus grande longueur du tronc. Le sternum plus court, mais plus large, est relevé en avant, ce qui augmente l'épaisseur de la poitrine.

Ce sont surtout les os du bassin qui indiquent les fonctions sacrées départies à la femme par le Créateur. En effet, si chez l'homme créé pour le commandement, la poitrine est plus évasée, les hanches, en retour, sont plus rétrécies; tandis que chez la femme, au contraire, la poitrine est plus rétrécie et les hanches plus largement développées, de manière à soutenir convenablement le fruit de la fécondation.

Les os des hanches offrent plus de convexité en dehors, et contribuent ainsi à donner plus d'ampleur au bassin. Les os pubiens se touchent par un plus petit nombre de points, et sont disposés de manière à augmenter l'étendue comprise entre eux et le coccix.

De cette disposition du bassin, il résulte que les fémurs sont plus éloignés l'un de l'autre, par conséquent plus obliques. Les genoux se portant plus en dedans, le changement du centre de gravité qui marque chaque pas est beaucoup plus sensible; la progression exige par cela même plus d'efforts de la part de la femme, et lui cause plus de fatigue.

Cette différence qu'offre le squelette de la femme, comparé à celui de l'homme, existe pour toutes les races et est inhérente au sexe ; mais il existe dans les races humaines d'autres différences squelettiques qui tiennent à l'espèce même.

Ainsi, par exemple, la race jaune comparée à la race blanche nous offre une différence sensible dans la conformation du crâne et de la face. Le crâne aplati, les os des pommettes saillants, le menton long et avancé, la mâchoire supérieure enfoncée, l'ouverture orbitaire disposée d'une manière oblique, la voûte surcillaire saillante, les os du nez écrasés, constituent une différence qui caractérise toute la race mogole.

Les Chinois, qui composent le type de cette race jaune, sont dans l'usage d'empêcher le pied de croître à leurs femmes par des moyens violents, en sorte qu'elles ne peuvent marcher.

Les Lapons, outre la conformation osseuse de la race jaune, sauf la direction de l'ouverture orbitaire, sont d'une stature ordinaire de quatre pieds, et dépassent rarement quatre pieds et demi.

La race noire se distingue, quant au squelette, par une boîte osseuse du crâne, dure et épaisse, d'une capacité moindre que celle de la race blanche, le frontal moins élevé, quelquefois aplati, fuyant en arrière; les os des pommettes saillants, le nez écrasé, la mâchoire supérieure en avant, les os du pied portant à plat sur le sol.

La race rouge, ou caraïbe, n'offre rien dans son squelette de bien remarquable qui ne soit dû à l'artifice. En effet, s'ils ont le front et le nez aplatis, on doit plutôt l'attribuer au caprice qu'ont les sauvages d'altérer la figure humaine pour la rendre plus terrible, ou tout simplement à un simple usage de la nation.

Telles sont les différences que nous pouvons signaler dans les squelettes des races humaines comparés entre eux.

Mais si ces différences paraissent légères dans la charpente osseuse, il n'en est pas de même pour les parties molles qui constituent la beauté des traits et la régularité des formes.

BEAUTÉ RELATIVE DE LA FEMME

DANS LES QUATRE RACES.

RACE BLANCHE.

De toutes les femmes de notre globe, les femmes du Gurgistan et des environs du mont Caucase passent pour les plus ravissantes par leurs formes parfaites, l'éclat de leur teint, la délicatesse de leurs contours, leurs grâces et la volupté qui s'exhale de toute leur personne. Aussi sont-ce les femmes de cette contrée qui servent de type à toute la race blanche, dite race caucasienne.

Ce qui mérite au plus haut point d'attirer l'attention de tout observateur, c'est que, dans les animaux, les femelles sont dépourvues des ornements, des couleurs vives et brillantes qu'on voit ordinairement dans les mâles, tandis que la femme, au contraire, réunit toutes les grâces et les agréments capables de séduire.

La femme de race blanche, à l'époque brillante de la puberté, qui est son triomphe, nous offre à profusion toutes les perfections admirables de ces chefs-d'œuvre des statuaires qui l'ont prise pour modèle...

A peine arrivée à l'âge où elle peut accomplir la tâche sublime pour laquelle Dieu l'a créée, les traits de son visage prennent plus d'expression et plus de liaison, sa peau plus de velouté; le cou s'arrondit et semble se dégager pour acquérir plus de souplesse; on voit la colonne vertébrale acquérir une cambrure voluptueuse qui donne à la femme une partie de ses grâces et de ses attraits.

Le tissu cellulaire, plus abondant et plus dense, efface les saillies musculaires pour donner aux membres et à tout le corps les contours fins et déliés qui provoquent les désirs.

Les battements du cœur, plus accélérés, donnent à toutes les parties plus de coloris.

Les yeux, naguère encore muets, acquièrent de l'éclat et de l'expression. Les seins s'arrondissent en contours voluptueux, et, tout en invitant au plaisir, se préparent à l'accomplissement des fonctions sublimes de l'allaitement.

Les hanches, en prenant plus d'ampleur, donnent à la taille plus de souplesse et de grâces.

Les parties génitales acquièrent plus de développement et s'ombragent de poils qui semblent vouloir cacher l'entrée du temple où peut s'accomplir désormais les mystères de la reproduction.

La femme géorgienne est grande, a la taille déliée et bien faite, la peau blanche comme la neige, les cheveux du plus beau noir, le teint le plus frais et animé des couleurs les plus fines et les plus délicates, le front grand et uni, les sourcils tellement fins et déliés qu'ils ressemblent à un filet de soie recourbé, les yeux grands, doux et pleins de volupté, le nez bien fait, les lèvres vermeilles, la bouche riante et petite, le menton disposé de manière à former, avec le restant du visage, un ovale parfait, le cou onduleux, la gorge voluptueusement arrondie et ferme. Tout l'ensemble de ces femmes admirables est empreint d'un air majestueux qui en rehausse encore la beauté.

Le type géorgien, admis comme beauté conventionnelle, n'exclut pas un autre genre de beauté dans la race blanche. Ainsi, chaque peuple, chaque contrée admet son genre de beauté. Tel préfère la blonde éclatante à la brune sémillante; certains peuples préfèrent même les femmes rousses.

En général, dans tout l'Orient les femmes emploient tous les moyens pour arriver à un embonpoint excessif.

Les Françaises, les Italiennes, les Anglaises, les Allemandes, les Polonaises, les Circassiennes, toutes à peu près situées sous la même latitude, ont beaucoup d'analogie pour le teint et le genre de beauté.

En général, plus on s'approche des pôles, plus les femmes sont blanches, et plus on rencontre de cheveux blonds; déjà en Angleterre les cheveux noirs commencent à devenir rares; mais dans le Nord, en Suède, en Norwége, en Danemark, presque toutes les femmes ont les cheveux blonds cendrés et la peau d'un blanc diaphane.

Lorsqu'on approche des tropiques, au contraire, on commence à s'apercevoir, dès au midi de la France, en Italie, en Grèce, etc., de la différence de couleur chez les femmes.

La femme espagnole est moins grande que celle de Géorgie; sa taille admirablement prise dans la jeunesse se déforme assez rapidement par trop d'embonpoint, à mesure qu'elle avance en âge. Le teint des femmes espagnoles est d'un blanc pâle et velouté; leurs yeux sont noirs, brillants et provoquants; leurs membres bien arrondis; le pied bien cambré et petit; les cheveux excessivement noirs; elles ont cet air sérieux, dédaigneux même, capable d'exciter les plus violentes passions.

RACE JAUNE.

La beauté chez la race jaune est loin de nous offrir les mêmes traits que la race caucasienne. Tant il est vrai que le beau n'est qu'un mot qui ne peut être adapté qu'à des idées conventionnelles.

La femme de race jaune offre plus de diversité selon le nombre de nations qu'elle renferme, et qui est très considérable.

De même que nous avons été chercher en Géorgie,

sous des climats tempérés, le type de la race blanche, de même aussi nous trouverons le type de la race jaune en Chine, et dans la province la plus riche et la plus saine de ces contrées.

Les Chinoises ont la peau jaune, la taille un peu ramassée, ayant assez d'embonpoint, quoique contrairement à la race blanche d'Orient, les Chinois estiment les femmes maigres et les hommes gros. Les cheveux sont noirs, les seins bas et flasques, à mamelons noirs; elles ont une puberté assez précoce, les yeux noirs, petits, extrêmement écartés, longs et obliques. Les jeunes filles, instruites par leurs mères, se tirent continuellement les paupières, afin d'avoir les yeux plus petits. Le nez est écrasé, les oreilles sont longues, larges, ouvertes et pendantes. Du reste, les lèvres sont vermeilles, la bouche bien faite, les cheveux fort noirs, mais l'usage du bétel et de l'arec leur noircit les dents.

Les Chinoises font consister toute leur coquetterie dans la petitesse de leurs pieds qui, dès l'enfance, sont serrés avec des bandes au point qu'elles ne peuvent plus marcher.

Toutes les femmes de cette race n'offrent pas de particularités assez grandes pour que nous nous y arrêtions. Les difformités qu'elles peuvent offrir ne dépendent que de quelques coutumes plus ou moins bizarres adoptées par les nations dont elles font partie.

RACE NOIRE.

Si nous voulons prendre parmi la race noire une femme modèle, nous devons étudier les formes de la négresse du Sénégal.

La femme noire des bords du Sénégal a les traits assez réguliers et ne diffère guère de la femme blanche que par des cheveux crépus, le nez écrasé, les lèvres grosses et la couleur noire de la peau. Du reste, la négresse du Sénégal a de beaux yeux, des dents admirables de blancheur, mais il faut que la peau soit très noire et très luisante, toutefois elle est très fine et très douce. Mais ces femmes ne laissent pas que de répandre une odeur désagréable lorsqu'elles sont échauffées.

Ce tableau flatteur de la femme de race noire est loin d'être applicable à toutes les négresses. En effet, les Hottentotes sont petites, ont le visage aplati, de la laine sur la tête, le nez écrasé, la bouche en museau, les lèvres grosses, les mamelles pendantes, la démarche disgracieuse en raison de la forme de leurs pieds grands et aplatis.

Aux parties génitales elles ont les nymphes tellement pendantes, qu'on les a désignées sous le nom de tablier des Hottentotes. Si vous ajoutez à ce tableau déjà si dégoûtant, que ces hideuses créatures, rongées de vermines, s'enduisent le corps de graisse puante et de bouses de vaches, vous comprendrez qu'elles peuvent être mises au rang des animaux les plus immondes.

Entre la négresse du Sénégal et la négresse hottentote, il y a peu de nuances qui puissent nous offrir beaucoup d'intérêt.

RACE ROUGE.

Dans la race rouge, ou Caraïbe, les plus belles femmes se trouvent aussi dans les zones tempérées, comme chez les Illinois, par exemple.

La femme du Caraïbe est plus petite que l'homme de son espèce, grasse, assez bien faite, les yeux noirs, les sourcils peu marqués, les cheveux de même couleur, le tour du visage rond, le nez recourbé et un peu fort, la bouche petite, les dents belles et fort blanches, l'air gai; elle se barbouille de rocou; peu ou pas de poils aux parties génitales.

Tous les peuples sauvages de l'Amérique qui constituent la race rouge ont l'habitude de se déformer les traits et les membres; mais ces déformations ne viennent en aucune façon de leur conformation originelle. Ainsi, si la femme caraïbe a les jambes grêles, c'est en raison de la constriction établie d'une manière constante à la partie supérieure de ces membres.

Tels sont, du reste, les types de beauté des diverses races humaines dont nous allons à présent étudier les coutumes et les mœurs.

MŒURS ET COUTUMES DE LA FEMME.

RÉFLEXIONS.

Avant de commencer l'étude des mœurs de la femme dans les diverses races humaines, nous ne pouvons retenir une réflexion pénible : c'est que la plupart des auteurs qui ont écrit sur ce sujet, se sont plutôt efforcés de faire ressortir les vices et les turpitudes des différents peuples que de retracer leurs véritables coutumes.

Sans doute que là où la civilisation est moins avancée, il y a moins de moralité et plus d'abandon au dérèglement des mœurs, l'instinct trouvant moins de frein et prédominant toujours sur la raison. Mais ne serait-ce que dans notre pays qu'il y aurait des lois établies contre le libertinage, et ceux qui vivent sous d'autres climats, et soumis à d'autres lois, seraient-ils véritablement assez malheureux pour manquer de frein contre l'immoralité?... Serait-il donc vrai que certains pays se trouveraient ainsi privés des lois sacrées de la famille?... Se pourrait-il que l'ignorance et la barbarie existeraient encore à ce point d'affranchir la femme dans certains pays de toute pudeur et de toute morale?

Grâce à Dieu, nos études, nos recherches nous ont conduit à croire et à rester persuadé qu'il y a eu des exagérations énormes dans les écrits les plus accrédités sur ce point, soit que ces auteurs aient été induits en erreur par des compilations surannées ou des rapports mensongers, soit qu'ils aient cru apporter plus de piquant à leurs écrits en calomniant auprès des dames de nos contrées les femmes réputées barbares des contrées éloignées.

Notre civilisation imprime sans aucun doute plus de retenue, plus de délicatesse dans les rapports ; sans doute aussi que les exigences de la pudeur peuvent être tout autres dans nos contrées que dans certains pays moins civilisés, et que ce qu'il faut cacher ici peut se montrer ailleurs sans manquer pour cela aux saintes lois de la modestie : mais ce sont ces usages, ce sont ces mœurs qu'il faut mettre en relief pour faire connaître toute la valeur des appréciations si peu charitables de beaucoup d'écrivains.

Ici la femme croira manquer à toute pudeur en se découvrant le sein devant des personnes d'un sexe différent; là une autre femme laissera voir les parties les plus secrètes de son corps pour ne pas laisser entrevoir son visage, bien peu fait souvent pour en inspirer. Le mot pudeur, comme le mot beauté, est donc aussi un mot adapté à une idée conventionnelle, et rien de plus.

Quant à l'incontinence des femmes, il est de fait que tous les peuples civilisés se sont accordés à la flétrir, car c'est la destruction de toute loi sociale. Mais ce vice serait-il endémique en certaines contrées, comme on l'a écrit? C'est ce que nous étudierons, et nous serons sans doute assez heureux pour découvrir des femmes vertueuses sous toutes les zones et en tous pays.

GÉORGIENNES. — MINGRÉLIENNES ET PERSANES.

La Mingrélie et la Géorgie sont la Colchide des Anciens, elles sont voisines de la Turcomanie et de la Circassie.

Ce pays, couvert de bois, est très fertile, mais mal cultivé. Les seigneurs de ces contrées ayant droit de vendre leurs sujets en font un gros commerce avec les Turcs et les Persans.

Du reste, les esclaves n'y sont pas chers, et il y a moins d'un demi-siècle, les hommes de 25 à 40 ans n'y valaient qu'une vingtaine d'écus, et les belles filles de 12 à 18 ans que trente écus.

Les femmes de Mingrélie, dit Chardin, sont merveilleusement bien faites, charmantes pour le visage et la taille, leurs yeux sont admirables ; les plus âgées se fardent beaucoup, mais les autres se contentent de peindre leurs sourcils en noir; leur costume est semblable à celui des Persanes que nous décrirons plus tard. Elles portent un voile qui ne couvre que le dessus et le derrière de la tête; elles sont spirituelles et affectueuses.

Tous les défauts inhérents à l'ignorance où sont encore ces peuples règnent parmi ces femmes. Le concubinage, la bigamie et l'inceste sont tolérés. Du reste, les maris ne sont pas jaloux; un homme qui surprend sa femme couchée avec son amant se contente de faire payer à l'amant une somme légère, et, au dire de Chardin, un cochon qu'ils mangent ensuite à eux trois.

Il y a en Mingrélie et en Géorgie des couvents de filles, puisque la religion chrétienne y est professée, mais ces filles ne font aucun vœu.

Selon Chardin, l'impudicité des filles de Géorgie est excessive; mais aussi que ne peut sur les mœurs l'influence de la tyrannie et de la barbarie des maîtres, qui trafiquent de ces malheureuses créatures comme de bêtes de somme ; et pourtant, en aucun lieu du monde, l'on ne rencontre ni d'aussi jolis visages, ni d'aussi fines tailles.

Les malheureuses filles de ces contrées, vendues comme esclaves, sont ensuite conduites en Perse ou dans les harems des Turcs, qui pourtant ne les obtiennent que comme objets de contrebande, car les Persans sont extrémement jaloux de cette marchandise dont ils se sont réservé le monopole.

Ces malheureuses arrivent en Perse dans un dénûment absolu, dit Amédée Jaubert; j'ai rencontré, dit cet écrivain, quatre Géorgiennes dans un tel état de dénûment, que quand elles voulaient dormir, l'une d'elles était obligée de servir de coussin aux autres.

Plus belles que les Persanes, les Géorgiennes inspirent un plus vif amour, et sont d'autant plus recherchées des Persans qu'ils espèrent obtenir de l'union qu'ils contractent avec elles des enfants qui leur ressemblent. Ces jeunes filles acquièrent de la sorte la plus grande influence dans ces pays, où elles sont arrivées à peine vêtues.

Ainsi, dit Amédée Jaubert (*Voyage en Arménie et en Perse*), ces vierges chrétiennes, d'abord victimes de la barbarie de spéculateurs avides, arrachées des bras de leurs mères éplorées, sont transportées des rivages de l'Euxin jusqu'à ceux de la mer Caspienne, et de là sur ceux de l'Araxes. Accablées de fatigues et portant des habits grossiers qui les défendent à peine des injures de l'air, elles arrivent en Perse, y trouvent, au lieu des montagnes stériles de leur patrie, des jardins délicieux et fertiles, et au lieu de leurs féroces compatriotes un peuple affable, voluptueux et poli. Bientôt elles prennent, par leur beauté, leur affabilité et leurs grâces, le plus grand empire sur leurs nouveaux maîtres.

Les idées que les Turcs se font de la beauté des femmes diffèrent beaucoup des nôtres. Plutôt émus par des sensations fortes, ils préfèrent les formes massives aux formes élégantes.

Les Persans, au contraire, aiment les tailles déliées, et lorsqu'ils veulent vanter celle d'une jeune beauté, ils la comparent à un cyprès. Un regard doux et caressant est moins propre à enflammer les uns et les autres qu'un regard vif et animé; c'est pour cette raison que leurs femmes font usage de poudre d'antimoine qui donne à l'œil une sorte de langueur voluptueuse, sans toutefois en trop amortir l'éclat. Elles trempent, à cet effet, dans une poudre fine d'antimoine, une tige mince d'ivoire qu'elles passent ensuite entre les cils, qui restent ainsi imprégnés de poudre noire.

Des sourcils noirs, bien arqués et se joignant l'un et l'autre, étant considérés comme une très grande beauté, elles ont également recours à l'art pour les faire paraître tels.

Enfin, elles peignent, après le bain, leurs ongles avec une couleur jaune ou rouge, préparation cosmétique dont tout le monde fait usage, et sans laquelle il serait peu décent de se présenter.

Les femmes des peuples nomades, dit Amédée Jaubert, dans plusieurs parties de la Turquie, sont dans l'usage d'imprimer sur diverses parties de leur corps des signes indélébiles, et de percer leurs lèvres et leurs narines pour y passer des anneaux. En Perse et dans le Gurgistan il n'existe rien de pareil.

Les dames turques ont coutume de se surcharger de vêtements; les Persanes négligent extrêmement leur parure dans l'intérieur des harems.

Les unes et les autres portent ordinairement une chemise de gaze, une robe de soie et des bas d'une ampleur démesurée.

En hiver, elles font usage d'étoffes ouatées et de châles; hors de leurs maisons, elles ont, comme on le sait, la tête couverte et un voile qui leur tombe jusqu'aux pieds.

RÉFLEXIONS

SUR LES MOEURS DES FEMMES EN ORIENT.

Si les femmes de l'Orient aiment la parure, si elles sont lascives, comme on dit, à qui doit-on s'en prendre?... Réduites en esclavage, n'ayant à s'occuper que de l'unique soin de plaire, elles sont lascives, parce que les goûts de leurs maîtres l'exigent; elles sont libertines pour favoriser le libertinage de leurs tyrans; leurs goûts sont ce qu'exigent les goûts de ces barbares, n'en accusons donc point la constitution de ces femmes, chez qui l'on s'étudie à développer les sentiments instinctifs au détriment des sentiments moraux, que l'on cherche à éteindre, au contraire.

La femme est née pour plaire à l'homme, partout, en tout pays, elle est ce que la fait l'homme lui-même; car si elle résiste aux désirs de celui à qui elle cherche à plaire, c'est néanmoins elle qui provoque ces désirs; or, le genre de provocation doit être analogue aux goûts et aux mœurs des hommes auxquels s'adresse la femme. Si donc, dans l'Orient, les femmes paraissent lascives aux hommes des états civilisés de l'Europe, c'est qu'en Orient elles n'ont qu'à provoquer des hommes grossiers, dont les sens engourdis par la mollesse et la satiété ne peuvent être éveillés que par une vive excitation.

Ce qui parait provocation indécente pour nous, habitués aux doux sentiments et aux délicatesses d'un chaste amour, n'est pour ces barbares qu'agaceries légères, à peine suffisantes pour réveiller leurs sens flétris.

Malheur à la femme des harems qui serait assez infortunée pour ne pas fixer l'attention du maître; abandonnée, oubliée, son existence ne serait plus qu'un long deuil, sa demeure un tombeau. La femme du harem a donc d'autant plus de frais à faire pour plaire à son tyran, qu'elle n'est pas seule à rechercher ses bonnes grâces. Là ce n'est plus l'homme qui recherche les faveurs d'une maîtresse chérie, c'est au contraire l'esclave soumise et respectueuse qui mendie un regard bienveillant à son seigneur.

Chez nous la femme règne en souveraine; dans ces malheureuses contrées, la femme rampe et obéit. Ici la femme, par sa modestie, réprime les désirs; là elle les provoque, et toutes ses pensées sont occupées aux moyens de surpasser ses rivales dans ce genre de provocation.

Chez nous l'amour n'admet pas de partage, c'est un sentiment tout moral; dans ces contrées le cœur n'est pour rien dans un acte tout matériel et qui se consomme avec le premier objet qui le provoque.

Là où l'amour moral existe, il ne peut y avoir partage. L'amour est un sentiment exclusif qui fait un Dieu de l'objet aimé, et qui n'a jamais habité les harems. Là où règne la polygamie, les doux sentiments de l'amour sont inconnus. Du moment où la civilisation aura fait connaître aux Orientaux ce plus doux des sentiments de l'homme libre, la polygamie cessera chez eux. La liberté est la sœur chérie de l'amour; l'une ne peut vivre sans l'autre.

Combien serait malheureux le sort d'une femme de harem si elle connaissait les douces sensations de l'amour moral!... A quel degré d'abjection ne se verrait-elle pas tombée?.. Car l'amour a cela de particulier qu'il relève et exalte l'âme où il est entré. L'amour... c'est la connaissance du bien et du mal qui vint illuminer l'esprit de nos premiers parents: c'est, en un mot, l'amour qui inspire le bien et l'horreur du mal.

L'amour étant un sentiment inconnu dans les harems, la coquetterie en tient lieu, avec tous les vices qui accompagnent ce sentiment, aussi méprisable que l'autre est noble et grand.

Le despotisme aveugle des Orientaux, qui ne reconnaissent d'autres vertus que la force physique, a éteint chez eux tout ce qui ennoblit et élève l'homme; la vie matérielle, qui souvent pour l'homme civilisé est un objet de dédain, est, pour ces peuples, la seule connue, la seule appréciée.

HISTOIRE DES AMAZONES.

Cependant, si l'on en croit les écrivains les plus véridiques, toutes ces contrées, où la femme est aujourd'hui esclave, ont été soumises autrefois à une race de femmes guerrières, connues sous le nom d'Amazones.

Chardin compte, dans son voyage de Perse, la nation des Amazones parmi les peuples du Caucase, il dit en avoir entendu parler à beaucoup de gens. On lui fit voir, chez un prince, un grand habit de femme, d'une grosse étoffe de laine et d'une forme particulière, qu'on lui dit être celui d'une Amazone tuée en guerre. Il ajoute toutefois n'avoir vu personne ayant été dans ce pays des Amazones.

Chardin dit qu'ayant eu un long entretien avec le fils du prince de Géorgie, à qui il rapporta tout ce que racontent sur cette nation des Amazones les auteurs grecs et latins, le prince fut d'avis que ce que l'on appelait la nation des Amazones devait être un peuple de Scythes errants qui, comme les Achinois, se donnaient des reines au lieu de rois, et que ces reines se faisaient toujours servir et accompagner par des femmes.

Cependant, malgré ce récit de Chardin, malgré ce qu'ont écrit Strabon, Arrien, Paléphate et quelques modernes, les Amazones anciennes ont réellement existé, et cette existence est prouvée par le témoignage des historiens de l'antiquité les plus dignes de foi, par les monuments dont plusieurs d'entre eux ont parlé, par les médailles dont il reste encore quelques-unes dans nos musées nationaux.

La véritable étymologie de leur nom est εμα qui signifie *avec*, et ωνη *ceinture*, parce qu'elles portaient toujours une ceinture, symbole, dans tout l'Orient, de la pudeur, de la modestie et de la continence des femmes. En effet, une grande partie des Amazones gardait une virginité perpétuelle, et les autres ne quittaient leur ceinture que pendant le temps que la nécessité de donner des sujets à la République les obligeait à avoir commerce avec les hommes.

Vers l'an 1720 avant J.-C., Ninus, fondateur de l'empire des Assyriens, conquit tous les pays occupés en Asie par les Scythes. Après la mort de Ninus, de Sémiramis et de leur fils Ninias, Illinus et Scolopite, princes du sang royal de Scythie, furent chassés de leur pays par d'autres princes, qui, comme eux, aspiraient à la couronne; ils partirent avec leurs femmes, leurs enfants et leurs amis, suivis d'une nombreuse jeunesse de l'un et de l'autre sexe. Ils passèrent dans la Sarmatie asiatique, au-dessus du Caucase; ils se firent un établissement, les armes à la main, et suppléèrent aux richesses qui leur manquaient, en faisant des courses continuelles dans les contrées qui bordent le Pont-Euxin. Les peuples de ces pays, fatigués des incursions de ces nouveaux venus, s'unirent, prirent les armes, les surprirent et les massacrèrent tous ou presque tous.

Leurs femmes, résolues d'en venger la mort, en pourvoyant à leur sûreté, conçurent le projet hardi d'une nouvelle sorte de République, c'est-à-dire de demeurer unies, de se donner des lois, de se choisir des reines, et de se maintenir sans le secours des hommes même.

Le plus grand nombre des filles était élevé, chez les Scythes, aux mêmes exercices que les garçons, à tirer l'arc, à lancer le javelot, au maniement des autres armes, à la course, à la chasse, et même à quelques travaux pénibles qui paraissaient réservés aux hommes.

Comme chez les Sarmates, beaucoup de femmes accompagnaient à la guerre les hommes, dont elles avaient le courage et la férocité; il n'y a donc pas à s'étonner de l'étrange résolution, prise par celles-ci, de former un peuple de femmes.

Cette résolution prise, elles se préparèrent à l'exécuter en s'exerçant à tous les exercices militaires. Bientôt elles s'assurèrent la possession du pays qu'elles occupaient, et allèrent même jusqu'à porter la guerre chez leurs voisins et à reculer leurs frontières.

Jusque-là elles avaient eu besoin des instructions et du secours des hommes restés dans leur pays; mais, voyant qu'elles pouvaient se passer d'eux, elles tuèrent tous ceux qui avaient échappé aux Sarmates, et renoncèrent pour toujours au mariage, qui ne leur paraissait qu'un esclavage indigne d'elles.

Cependant, elles ne pouvaient assurer la durée de leur royaume que par une propagation qui ne pouvait se faire sans elles. Elles se firent donc une loi d'aller tous les ans sur leurs frontières, d'inviter les hommes de leur voisinage à les venir trouver, de se livrer à leurs embrassements, sans choix de leur part, sans attachement, sans prédilection, et de s'en séparer dès qu'elles se sentiraient ou se croiraient enceintes. Ce n'était que pour habiter avec les hommes qu'elles quittaient leur ceinture, et la reprenaient dès qu'elles étaient retournées chez elles.

Toutes celles que leur âge rendait propres à la génération, et qui voulaient donner des filles à l'État, n'allaient pas en même temps chercher la compagnie des hommes, il n'y en avait qu'un certain nombre; et pour avoir droit de travailler à la multiplication de l'espèce, il fallait d'abord avoir travaillé à sa destruction; avant d'être digne de donner naissance à des enfants, il fallait avoir tué trois hommes.

Bien entendu que les filles, nées d'un tel commerce, étaient gardées; quant aux garçons, ils étaient étouffés. Diodore de Sicile prétend qu'elles se contentaient de leur tordre les jambes et les bras, pour les rendre inhabiles au maniement des armes; d'autres auteurs disent que les moins féroces les envoyaient à leurs pères.

Cette espèce de contradiction dans leurs mœurs peut facilement s'expliquer : en effet, quand les Amazones eurent tué ce qu'il restait chez elles d'hommes de leur nation, elles eurent recours à leurs voisins pour devenir mères; il est vraisemblable que leur fureur contre les hommes étant dans sa plus grande force, leur barbarie et leur cruauté naturelles les engagèrent à donner la mort, à l'instant de leur naissance, aux enfants mâles dont elles accouchaient; lorsque ensuite leur fureur se fut un peu ralentie, et que, chez le plus grand nombre, leurs entrailles de mères se furent émues, elles eurent horreur d'ôter à ces petites créatures la vie qu'elles venaient de leur donner; mais, tout en remplissant envers eux les devoirs maternels, elles eurent soin, pour ne point causer de troubles dans l'État, de les estropier de manière à les rendre incapables de manier les armes.

Enfin, lorsque leurs conquêtes eurent affermi leur puissance, et que, sans altérer leur courage, leur férocité se fut adoucie par des liaisons que les intérêts politiques les obligèrent d'avoir avec leurs voisins, soit d'elles-mêmes, soit à la sollicitation de ceux qui les avaient rendues fécondes, elles convinrent avec eux qu'ils se chargeraient des garçons et qu'elles continueraient de garder les filles.

Des femmes, continuellement occupées de la guerre, n'avaient pas le temps d'administrer à leurs enfants l'aliment naturel formé par leur sein : peut-être les allaitaient-elles pendant les premiers jours; mais il est certain qu'elles substituaient à leur lait celui de jument, auquel elles ajoutaient une espèce de manne, qu'elles recueillaient le matin sur les fleurs et les feuilles des plantes et de quelques arbres qui naissaient dans le voisinage du Pont-Euxin, aussi bien que la moëlle de certains roseaux, ou canne à sucre qui viennent sur les rives du Thermodon. Cette nourriture leur paraissait trop faible pour qu'elles la continuassent longtemps; elles se hâtaient de les habituer aux aliments solides, dont elles-mêmes faisaient usage. Ces aliments étaient la chair des oiseaux et des bêtes fauves qu'elles tuaient à la chasse, et de différentes espèces de serpents; elles mangeaient cette chair à demi-cuite et souvent crue.

Dès que l'âge des jeunes filles le permettait, elles songeaient à les débarrasser de la mamelle droite, afin de les mettre en état de tirer de l'arc avec plus de raideur; l'opinion commune est qu'elles leur brûlaient cette mamelle, en y appliquant, dès l'âge de huit ans, des fers chauds qui en desséchaient les fibres; d'autres disent qu'on coupait tout simplement cet organe à l'âge où il commence à paraître. Enfin, l'opinion la plus vraisemblable est que, dès l'enfance, on serrait chez les filles la partie droite, et que, par une compression continue, on empêchait la mamelle de se former, ou tout au moins de croître jusqu'à une certaine borne qui ne pouvait être incommode.

Les vêtements des Amazones sont peu connus, les écrivains en disent trop peu pour nous instruire, et les médailles offrent, à ce sujet, des variétés qui ne permettent pas de se décider : il suffit de savoir qu'ils étaient ordinairement faits de peaux de bêtes qu'elles tuaient à la chasse. Noués sur l'épaule gauche, ils laissaient le côté droit à découvert, et descendaient jusqu'aux genoux.

Il paraît, qu'en guerre, les reines et les chefs portaient un corselet, ou cuirasse légère, terminée par une ceinture, au-dessous de laquelle pendait la cotte d'armes jusqu'aux genoux. L'armement de tête était le casque garni de panaches. Le reste de leurs armes était la flèche, la lance, le javelot, la hache d'armes, d'abord simple, ensuite à deux tranchants, et le bouclier. Cette dernière arme défensive, que l'on nomma *pelta*, ne ressemblait point aux boucliers ordinaires : on voit dans les médailles que la pelta des Amazones avait, à peu près, la forme d'un croissant, et pouvait, dans sa plus grande largeur, avoir un pied et demi de diamètre. Les deux pointes du croissant étaient en haut, se recourbant un peu en dedans, et du fond du croissant s'élevait, à la hauteur des pointes et peut-être au-dessus, une pièce bombée se terminant en angle, laquelle, sans doute, était renforcée pour parer le coup de sabre, et servait d'ailleurs à rendre l'anse bien plus sûre et plus commode. Ce petit bouclier, différent de ceux des autres nations, lesquels étaient carrés ou ovales et couvraient la plus grande partie du corps, annonçait l'adresse de celles qui s'en servaient.

Le reste d'un monument de la plus grande ancienneté, dans lequel on voit une Amazone en attitude de tristesse, avec une petite fille nue sur ses genoux, et, derrière elle, un cornet et une trompette, fait connaître qu'elles se servaient à la guerre de ces deux instruments.

Les Amazones avaient soumis les habitants des environs du Caucase et des rives méridionales du Tanaïs, c'est-à-dire les Cimbriens, les Colches, les Sarmates, les Laziens, les Ibériens et les Albaniens. Ces peuples occupaient la Crimée et la Circassie.

Je ne parle point des fables débitées sur le compte des Amazones, de leurs guerres avec Thésée, avec Hercule; et cependant, en fouillant près de la ville de Chéronée, on trouva la statue d'un soldat tenant entre ses bras une Amazone blessée. Il y avait encore en Thessalie, auprès des monts Cynocéphales, des tombeaux d'Amazones, tuées dans le cours de l'invasion qu'elles avaient faite en Grèce.

Tous ces monuments attestent assez la véracité des historiens sur ces singulières femmes, dont une partie de l'ancien royaume ne fournit plus des guerrières, mais bien des instruments de plaisir pour tous les despotes de l'Orient, et dont l'autre partie vient de fournir à nos armées les plus beaux lauriers que de mémoire d'homme elles n'avaient cueillis.

COMPOSITION DE LA FAMILLE

HAREM ET SÉRAIL.

Aujourd'hui les individus qui composent ce que nous appelons la famille, sont, parmi les orientaux modernes, comme l'étaient chez les anciens Romains, le père, la mère, les enfants, les clients, les domestiques et les esclaves.

Lorsqu'un homme a plusieurs épouses, il a ordinairement plusieurs maisons; mais il n'a qu'une seule famille.

Les femmes, comme je l'ai déjà dit, sont dans ce pays les premières esclaves de leur mari, elles le considèrent comme leur maître, leur protecteur et leur appui; jamais elles n'en parlent qu'avec respect, et absent comme présent, elles le traitent de séid ou seigneur.

Lorsqu'il rentre dans sa maison, elles viennent à sa rencontre, lui baisent les mains, essuient la sueur qui coule de son visage, lui ôtent ses armes et le dépouillent des vêtements qu'on ne porte que hors de chez soi.

A leur tour elles exigent de leurs enfants, de leurs esclaves, même de celles qui sont le plus en faveur auprès du maître, ces marques de soumission et ces soins.

L'autorité du père de famille envers ses femmes n'est pas la seule qu'il exerce despotiquement; les enfants sont habitués à un respect si profond envers leur père, qu'un étranger pourrait les prendre pour de simples serviteurs de la maison : debout en présence de leur père, ils attendent ses ordres en silence ; ils ne sont point admis à sa table, ils ne font que le servir, et le jour même où ils se marient, ils sont exclus du repas de noces.

En lisant les relations de certains voyageurs, on croirait que la bassesse, la stupidité et la fausseté sont les traits caractéristiques des femmes orientales. Je compare ces écrivains à un étranger qui, arrivant à Paris et parcourant les rues de cette grande cité, où il aurait été en but aux provocations obscènes des filles de joie qui encombrent nos trottoirs, écrirait, de retour dans sa patrie, des volumes pour consigner ses remarques sur les femmes de notre société, d'après ce qu'il aurait appris auprès des créatures perdues qu'il aurait fréquentées.

La plupart des écrivains ne se sont appliqués qu'à consigner les vices et les turpitudes de ces nations.

Pallas (*Voyage en Crimée*) dit que, chez les Tusches, peuplade caucasienne, le père donne à son fils, dès l'âge de sept ans, une jeune fille adulte pour épouse, et fait en attendant fonctions de mari ; s'il naît des enfants, ils sont censés appartenir au fils. Cette coutume existait, dit-on, autrefois chez les Moscovites d'Europe.

Les femmes veuves des Kubasches, dit encore cet écrivain, se présentent voilées au premier venu, et les enfants dont elles accouchent sont aussi considérés que les autres.

C'est ainsi que les plaies d'une société sont jugées par les hommes légers comme coutumes admises, il serait tout aussi juste de dire que les femmes en France ont pour habitude de s'offrir dans les rues au plus offrant, parce que les prostituées en agissent de la sorte.

Soit que les femmes d'Orient ne désirent pas une liberté qui, inconnue d'elles, ne leur présente aucun charme; soit qu'elles aient appris de bonne heure à se soumettre à l'empire de la nécessité, elles ne se considèrent nullement comme opprimées.

On peut leur reprocher de la nonchalance et trop de goût pour la parure, les bijoux et les choses futiles; mais ces défauts tiennent au genre de vie qui leur est imposé par les mœurs du pays : du reste elles sont, en général, aimables, douces et modestes.

Le voile de la pudeur, qui prête tant d'attraits à ce qu'il couvre, supplée en elles aux grâces que donnent aux Européennes la liberté et l'usage du monde.

L'appartement qu'elles habitent est ordinairement la partie supérieure de la maison : le mot harem qui désigne ce lieu, veut dire lieu sacré, parce que jamais personne que le maître ne doit y pénétrer.

Les femmes sont tellement exclues de la société des hommes qu'il n'est ni permis ni décent à ceux-ci d'en prononcer le nom ; le mot famille est le mot le plus convenable lorsqu'on veut parler d'elles.

Dans les villes les femmes se visitent réciproquement, et alors la porte est interdite à l'époux. Lorsqu'une dame arrive chez son amie, celle-ci va au-devant d'elle et la dépouille de son voile et d'une partie de ses vêtements. Cet usage n'a lieu qu'entre femmes d'un rang égal; s'il y a supériorité de la part de celle qui reçoit la visite, elle se fait suppléer par une intendante.

MARIAGES LÉGITIMES EN ORIENT.

Parmi les Kurdes et les Persans, lorsqu'un homme veut marier son fils ou quelqu'un des siens, il charge quelques femmes d'aller voir celle qu'il se propose de lui donner pour épouse. A leur retour elles doivent en faire un portrait fidèle : quelquefois même elles facilitent au prétendu les moyens de monter sur la terrasse d'une maison voisine pour voir furtivement la personne dont il veut demander la main.

Les fiançailles ont lieu quelquefois plusieurs années avant la célébration du mariage, et même dans l'enfance des futurs époux. L'acomplissement de cet acte est constaté par l'envoi fait à la fiancée d'un anneau, d'une pièce de monnaie et d'un mouchoir brodé uniquement destiné à cet usage. C'est ce qui a donné lieu à l'opinion généralement répandue que, dans les harems, les Turcs et les Persans jettent un mouchoir à celles de leurs femmes auxquelles ils accordent la préférence.

Les fiancailles constituent un engagement sacré, mais quelquefois, à l'instant où la cérémonie est pour se faire, la prétendue est enlevée par l'ordre du prince.

En 1835, le chah de Perse fit publier que, passé l'âge de quinze ans, toutes les filles qui ne seraient pas fiancées seraient considérées comme propriété du souverain ; et qu'on en choisirait un certain nombre pour le harem impérial. Cet ordre, qui n'a jamais été exécuté, n'avait d'autre but que de favoriser les mariages. Ce même prince, toujours dans le même but, régla par une loi la dépense qu'on pourrait faire à une noce.

Au lieu de recevoir une dot, le futur époux donne au père de celle qu'il doit épouser, un cheval, des armes, de l'argent; usage qui tient à la simplicité des mœurs et à l'influence des institutions féodales qui prévalent en Orient. La fille n'emporte rien de la maison que des meubles et quelques présents. Le contrat est dressé par un magistrat civil ou par un Mollah, la signature a lieu devant témoins, on y stipule un douaire payable, soit après la mort du mari, soit en cas de divorce.

La nuit fixée pour le mariage, la jeune épouse est conduite avec pompe par ses parents et ses amis dans la maison de celui à qui elle va unir sa destinée. Elle marche couverte d'un voile épais, soutenue par sa mère, et par quelques-unes de ses compagnes; sur son chemin on adresse au ciel des vœux pour son bonheur, toutes les maisons sont illuminées sur son passage, on l'invite à prendre quelques rafraîchissements; la marche est longue, soit à cause de ses haltes fréquentes, soit parce que le cortége n'avance qu'avec une extrême lenteur.

Chez les Kurdes, l'épousée, arrivée au seuil de la porte, le nouvel époux se présente à elle, la saisit entre ses bras, la place sur ses épaules et la porte jusqu'à son appartement, afin qu'il ne soit pas dit qu'une jeune fille entre de son plein gré dans une maison étrangère.

Cependant l'époux ne peut voir les traits de celle à laquelle il est uni par le nœud le plus solennel, avant que sa mère ou une parente ne lui ait enlevé son voile. C'est le dernier acte d'autorité qu'une mère exerce sur sa fille. Alors les gémissements simulés qui avaient lieu auparavant se changent en félicitations adressées à l'époux, on prépare un repas après lequel on chante des vers plus ou moins licencieux.

Dix jours après leurs noces, les nouveaux époux doivent visiter les parents de la femme, ils en reçoivent des présents, car il faut toujours qu'une personne qui fait visite à une autre en reçoive quelque chose. Toutes ces cérémonies deviennent extrêmement dispendieuses, par l'achat des vêtements, les repas et les présents.

Ce sont les femmes qui, dans l'Orient, sont les interprètes de l'allégresse ou de la douleur publiques: s'il arrive un événement heureux, elles poussent des cris de joie modulés par un mouvement rapide de la langue. Ces cris s'appellent *zéghar*, et remplacent les applaudissements qui en Europe s'expriment par des battements de mains, chose qui n'a lieu en Orient que lorsqu'on veut appeler les domestiques.

Lorsqu'il survient quelque malheur, elles jettent des cris lugubres qui ne diffèrent des autres qu'en ce qu'ils sont plus aigus et plus prolongés.

Les femmes ont coutume d'aller le vendredi dans les lieux où reposent les cendres de leurs proches ou des personnes qui leur sont chères, on y voit souvent des épouses éplorées à genoux près du tombeau d'un époux, ce qui prouve que les Orientaux ne traitent pas leurs femmes aussi mal qu'on le croit communément.

Lorsqu'une femme vient de se montrer en public, elle ne manque pas en rentrant de se purifier par l'eau et les parfums, pour détruire les sortiléges qu'on aurait pu employer contre elle ; telle autre, place au milieu des joyaux qui ornent sa tête une amulette composée de quelque chose de singulier, afin de détourner par là l'attention de ceux qui voudraient lui porter envie.

COURS DE PERSE

VOYAGES DU CHAH

En Perse, dans le harem du souverain, dès l'aube du jour et après la prière, les femmes, au nombre de plus de trois cents, se réunissent dans un vaste jardin pour saluer le roi, là elles attendent en silence qu'il daigne leur exprimer sa volonté. Ordinairement il donne aux plus nobles et aux plus distinguées d'entre elles la permission de s'asseoir, des esclaves apportent alors des plateaux destinés à soutenir les chevelures longues et tressées de perles des favorites, toutes offrent ensuite au monarque l'hommage de leurs vœux. Les femmes, les eunuques et les jeunes garçons qui servent le chah dans l'intérieur du palais sont vêtus des plus riches étoffes, la plupart des objets qui composent l'ameublement du sérail sont d'or massif ou ornés de perles, et des productions les plus rares des mines de l'Inde.

Le chah de Perse quitte rarement sa capitale sans être accompagné d'un certain nombre de ses femmes, soit qu'il s'agisse de quelque voyage, soit qu'il s'agisse seulement d'aller passer la revue de ses troupes. Le jour du départ étant fixé, toute la cour est avertie de se tenir prête. Vingt ou trentre femmes du prince, accompagnées d'autres femmes pour les servir et de plusieurs eunuques, se mettent en route les premières. Une ordonnance publiée sur le chemin enjoint à tout ghiaour, à tout musulman ou infidèle de se tenir éloigné du lieu de leur passage d'un demi parasange au moins.

Les femmes voyagent dans des litières couvertes, ou dans des paniers suspendus de chaque côté des chameaux, d'autres se tiennent à cheval à la manière des hommes, cachées sous de grands voiles blancs qui de loin les fait ressembler à des fantômes.

Lorsque le chah établit son campement, les tentes du harem sont voisines du divan Kâmiéh qui est la tente royale dont elles surpassent la magnificence. La garde en est confiée à un certain nombre d'eunuques, dont la surveillance est plus rigoureuse encore qu'en Turquie, on juge qu'il est difficile que ce qui se passe dans cette enceinte parvienne jamais à la connaissance des étrangers.

Chaque femme, dans le harem des grands, a son emploi et conserve les habitudes et les mœurs de son pays, aussi bien que son costume. C'est cette diversité là même qui fait le charme du maître. La femme du Penjâb excelle dans l'art de lire dans l'avenir en consultant les poésies de Hafez, l'Anacréon de la Perse. Celle du Chizaz sait inspirer par ses chants de douces émotions, la Persanne, la Géorgienne enrichissent de broderies, de lames d'or, les tissus transparents de l'Inde. L'Arabe prépare pour le maître les sorbets les plus délicieux et les parfums les plus suaves. L'esclave amenée du golfe Persique au sein de la Perse, conserve même devant son seigneur le voile blanc des femmes de Bender-Abou-Cherhr. La femme de Bagdad ne se montre que le front et le sein ornés de corail et de perles, la femme enlevée dans les montagnes de Kachemyr se revêt des beaux tissus de ce pays. La femme arrivée du fond du Turkestan porte l'aigrette de héron qui dans sa patrie distingue la femme de qualité de l'esclave.

Les femmes opulentes de la Perse sont brillantes dans leurs habillements, elles n'ont point de turban, mais leur front est couvert d'un bandeau émaillé large de trois doigts et chargé de pierreries, leur tête est couverte d'un bonnet brodé d'or environné d'une écharpe très fine qui voltige et descend jusqu'à la ceinture, leurs cheveux sont tressés et pendent par derrière, elles portent au cou des colliers de perles, elles ne mettent point de bas parce que leurs caleçons descendent jusqu'au dessous de la cheville du pied. L'hiver elles ont des brodequins richement brodés, elles se servent, comme les hommes, de pantoufles de chagrin; elles peignent en rouge leurs ongles et le dedans des mains; elles se noircissent les yeux, comme nous avons déjà dit, et elles emploient comme toutes les femmes de l'Orient le rusma contre toutes les parties du corps qui le réclament, excepté les sourcils et les cheveux. Le rusma est une pâte dépilatoire composée de chaux et d'orpiment.

MARIAGES A GAGE.

Outre les mariages que l'on appelle légitimes, et qui se pratiquent, à peu de chose près, comme je l'ai décrit plus haut, dans tous les pays soumis aux lois de l'Islamisme, il s'en pratique encore d'une autre sorte et qui exigent moins de solennité. En effet, il est d'usage dans tout l'Orient, outre les femmes légitimes, d'en prendre à gage, et voici comment cela se pratique.

Après le consentement du père et de la mère qui veulent bien livrer leur fille, on s'adresse au juge qui constate par écrit que un tel veut prendre une telle pour lui servir de femme, qu'il se charge de son entretien et de celui des enfants qu'ils auront ensemble, à condition qu'il la pourra renvoyer quand il le jugera à propos, en lui payant une somme convenue à proportion du nombre d'années qu'ils auront été ensemble.

Pour ce qui regarde les esclaves, les Mahométans, suivant la loi, en peuvent faire tel usage qu'il leur plaît; toutefois, les enfants que les Orientaux ont de toutes leurs femmes héritent également des biens de leurs pères, seulement il faut que les enfants des femmes esclaves soient déclarés libres par testament.

POLYGAMIE. — CIRCONCISION.

La polygamie existe dans toutes les contrées soumises aux lois de l'Alcoran.

Les rabbins soutiennent que la polygamie était en usage dès le commencement du monde, et, qu'avant le déluge, chaque homme avait deux femmes.

Tertullien et tous les écrivains qui ont traité ce sujet disent, au contraire, que ce fut Lamech qui, le premier, intervertit l'ordre établi par Dieu.

Cependant les saints Pères ont cru que Dieu avait permis la polygamie aux patriarches, ou du moins qu'il la toléra par des vues supérieures. Saint Augustin ne la condamna qu'autant qu'elle est interdite par des lois positives.

La polygamie, dit ce saint Père, n'était pas un crime lorsqu'elle était en usage; si elle est aujourd'hui criminelle, c'est que l'usage en est aboli. Il y a différentes sortes de péchés : il y en a contre les lois naturelles, il y en a contre les usages et coutumes, il y en a contre les lois; cela posé, quel crime peut-on faire au saint homme Jacob d'avoir eu plusieurs femmes? Si vous consultez la nature, elle vous dira qu'il s'est servi de ces femmes pour avoir des enfants et non pour satisfaire sa passion; si vous avez égard à la coutume, la coutume autorisait la polygamie; si vous consultez la loi, nulle loi ne lui défendait la pluralité des femmes. Pourquoi donc, dit saint Augustin, la polygamie est-elle un péché?... C'est qu'elle est contraire à la loi et aux coutumes.

Tel est le raisonnement de saint Augustin. Et, en effet, notre système de société, et les mœurs et usages qui lui servent de base, sont au nombre des causes principales qui proscrivent la polygamie; mais nous verrons plus loin que la loi naturelle, elle-même, crie encore bien plus fort contre cette concession faite aux appétits de l'instinct.

La loi de Moïse ne condamnait point cet usage. Les rabbins permettaient aux rois jusqu'à dix-huit femmes, et les Israélites en épousaient autant qu'ils en pouvaient nourrir.

La polygamie, toutefois, n'était pas commune parmi les particuliers, à cause de ses inconvénients, mais, au lieu de femmes, on prenait des concubines, c'est-à-dire des femmes d'un second rang. La femme était épousée par contrat et avait une dot, tandis que la concubine se prenait sans contrat et demeurait soumise à la mère de famille, comme Agar à Sara.

Les enfants, nés de la concubine, n'héritaient pas des biens-fonds, mais d'un présent que leur faisait leur père.

Ce qui avait anciennement lieu pour les concubines, à l'égard des femmes épousées par contrat, est bien encore ce qui se pratique en Orient pour la femme prise à gage, à l'égard de la femme légitime.

Du reste, la polygamie a de tout temps existé dans tout l'Orient, et on l'a trouvée établie par toute la terre. Aujourd'hui, elle ne règne que parmi les sectaires de Mahomet.

Le concubinage, tel qu'il est établi encore aujourd'hui en Orient, fut réglé par plusieurs lois chez les Romains, et il ne fut aboli que par les empereurs chrétiens.

Les cérémonies du mariage, telles que nous les avons décrites plus haut, sont, à peu de chose près, les mêmes pour toutes les nations de l'Orient soumises au mahométisme, mais les diverses sectes chrétiennes, établies dans ces contrées, ont leurs coutumes particulières à leur rite et à leur nation.

Voici comment se concluent les mariages des Coptes, qui suivent, à peu de chose près, les mêmes usages que toutes les autres sectes chrétiennes d'Orient, toutes schismatiques et nestoriennes.

Les Coptes qui veulent se marier vont à l'église après minuit, l'époux y est conduit au son du fifre et du tambour; le prêtre dit la messe, fait des prières et passe au cou de l'époux une jacolle d'étoffe en forme de croix. Le lendemain, il va chez l'époux ôter cette jacolle et lui donner permission de consommer son mariage.

Comme les Coptes, aussi bien que les Turcs, n'ont pas la permission de voir, avant leur mariage, les filles qu'ils veulent épouser, les patriarches des Coptes permettent très facilement aux hommes de répudier leurs femmes, et ils ne trouvent point mauvais que les hommes aient des femmes à bail ou, pour mieux dire, des concubines.

CIRCONCISION.

La circoncision des femmes n'a jamais eu lieu chez les Hébreux, mais seulement chez les Égyptiens et dans quelques endroits de l'Arabie et de la Perse.

Cette opération consiste à couper les petites lèvres qui, chez les Égyptiennes acquièrent une trop grande longueur, et même le clitoris. Cette amputation du clitoris se pratiquait déjà du temps d'Origène. Aétius et Paul d'Egine disent que cette partie acquiert un tel volume chez les femmes égyptiennes, qu'il est nécessaire d'en faire l'amputation.

Bellon écrit que cette opération doit se faire sur les vierges nubiles, lorsqu'elles sont sur le point de se marier; que cette coutume, dictée d'abord par la nécessité parmi les Égyptiens, devint ensuite une coutume religieuse, conservée aujourd'hui pour s'opposer aux habitudes vicieuses auxquelles pourraient donner lieu ces parties par leur trop grand volume.

Les femmes d'Orient, tant à cause de leur religion qui prescrit les ablutions, que par habitude et par goût, font un usage immodéré des bains tièdes. Elles vont aux bains, accompagnées d'une ou plusieurs suivantes, et c'est pour elles une partie de plaisir; elles y passent, du reste, beaucoup de temps, et ont soin de se faire servir, dans le bain, les mêts les plus succulents. Pour elles, c'est un moyen hygiénique qui leur réussit parfaitement à acquérir l'embonpoint qui, au dire des Turcs, donne à leur visage l'aspect d'une pleine lune, et fait de leurs hanches des coussins moëlleux.

FEMMES ARABES.

La polygamie, autorisée par l'exemple des patriarches, s'est perpétuée aussi dans l'Arabie, quoique ce ne soit point un privilége dans un pays où le divorce est permis, sans alléguer d'autres motifs que ses goûts. Aussi, chez les Sarrasins, le mariage n'était qu'une union passagère, formée par un besoin réciproque.

Les Arabes attachent un grand honneur à la fécondité. Les femmes, réduites à une vie misérable par le fait de leur faiblesse et d'un partage inégal dans un pays où la force matérielle fait la loi, supportent patiemment le joug que leur imposent leurs tyrans; leur vie laborieuse en fait de bonnes mères de famille.

Dans certaines contrées de l'Arabie, les habitants se contentent d'une seule femme et ne marient leurs filles qu'à quinze ans, tandis que dans d'autres districts elles sont quelquefois mères à neuf ou dix ans; les femmes, du reste, comme dans tout l'Orient, ne paraissent jamais en public.

Les habitants de l'Arabie déserte préfèrent l'état de vierge à la plus riche dot. Le moindre soupçon sur la conduite d'une fille est une raison suffisante de la renvoyer. Si un père surprend sa fille avec un séducteur, il a droit de lui ôter la vie.

Les gens aisés se contentent d'une seule femme, parce que la polygamie assujétit à des lois incommodes.

C'est à tort que la plupart des voyageurs ont avancé, qu'en Arabie, les pères vendent leurs filles au plus offrant; il en est peu qui ne soient dotées.

La femme peut disposer de sa dot comme d'un bien qui lui appartient exclusivement, et le mari s'engage, devant le cadi, à payer à son épouse, en cas de divorce, une certaine somme spécifiée dans le contrat de mariage. Ils ont l'un et l'autre le droit de demander la séparation de corps et de biens.

FEMMES DE L'INDE.

Dans tout l'Indoustan et le Mogol, en deça du Gange, les femmes sont petites, brunes et minces, soit à cause de la chaleur du climat, qui les énerve, soit parce qu'elles se marient fort jeunes, à dix ou douze ans, et avant que leur constitution ne soit formée. Elles sont toujours très fraîches, elles ont soin d'assouplir leur peau avec de l'huile de coco, avec laquelle elles lissent également leurs cheveux d'un beau noir; elles emploient, toutes, les dépilatoires.

Les filles des artisans ne prennent des maris que du métier de leur père.

Les femmes de la côte de Coromandel sont, dit M. Sonnerat, toutes de petite taille, laides, malpropres et dégoûtantes, excepté celles de quelques côtes, dont le visage est moins désagréable, et qui sont plus propres. Elles ne mangent pas avec leurs maris, et sont traitées comme des servantes.

L'usage général est de n'avoir qu'une femme, mais pourtant la polygamie n'est pas rare chez les rajahs.

Une simple pièce de toile, appelée pagne, fait la toilette des femmes en les couvrant par deux ou trois tours depuis la tête jusqu'aux pieds. Un bout de cette même toile, après avoir passé sur les épaules et sur la tête, vient tomber sur la gorge; mais souvent elles vont nues depuis la ceinture jusqu'à la tête.

A la côte d'Orixa, elles portent, de plus, un petit corset, dont les manches ne passent pas le coude. Il s'attache par derrière et prend le contour de la gorge, de manière qu'il la soutient sans la gêner; le reste du corps est nu depuis le dessous de la gorge jusqu'au nombril.

Les plus riches portent des pagnes faits en étoffes de laine du Thibet, c'est-à-dire des châles, qui, comme on sait, surpassent nos plus belles soieries en finesse. La plupart des femmes portent à chaque bras, de même qu'au-dessus de la cheville du pied, dix à douze anneaux d'or, d'argent ou de corail, ce qui fait, lorsqu'elles marchent, un bruit qui leur est extrêmement agréable. Leurs doigts, des pieds et des mains, sont garnis de grosses bagues. Elles teignent en rouge la paume de la main et la plante des pieds. Elles teignent aussi en noir le tour des yeux. Dans certaines castes, elles se frottent le corps et le visage avec du safran. Des colliers d'or ou d'argent leur pendent sur la poitrine. Leurs oreilles sont percées en plusieurs endroits et remplies de joyaux. Enfin, elles en attachent même aux narines. Elles oignent, comme je l'ai déjà dit, leurs cheveux, d'huile de coco. Quelques-unes les portent en tresses; d'autres en forment derrière la tête plusieurs contours fixés par des aiguilles d'or et d'argent, à la manière des Chinoises.

Les veuves quittent leurs joyaux et ne portent qu'une seule toile blanche qui leur fait le tour du corps, et dont l'un des bouts, passant de droite à gauche, leur couvre le sein et revient sur l'épaule droite, après avoir passé sur la tête.

Les femmes font peu de cas de la décence, et les enfants, de l'un et de l'autre sexe, ne portent aucune espèce de vêtement jusqu'à l'âge de puberté.

Ainsi que chez tous les peuples de l'Orient, les femmes, à l'époque de leurs infirmités habituelles, sont obligées de vivre, quatre ou cinq jours, séparées de la société, comme impures et souillées; elles doivent se purifier ensuite par des bains et des breuvages.

Les brames de la côte de Malabar ne se marient pas, mais ils jouissent de toutes les femmes; c'est un privilége attaché à leur état et à leur caste

Les Portugais, regardés longtemps comme d'une caste supérieure, obtinrent et conservèrent ce privilége jusqu'à ce qu'ils se fussent déshonorés par l'ivrognerie et le libertinage avec toute espèce de femmes.

Une femme peut s'abandonner sans honte à tous les hommes qui ne sont pas d'une caste inférieure à la sienne.

Les enfants appartiennent au frère de la mère, dont ils sont les héritiers légitimes, même de la couronne si ce frère est un roi.

Les Naïrs, qui forment dans l'Inde une caste militaire et privilégiée, ont également le droit de jouir de toutes les femmes de leur caste.

Les filles ont la gorge nue jusqu'à l'âge de puberté, alors elles la couvrent; mais lorsqu'elles passent devant un Européen ou un homme d'une caste supérieure, elles la dévoilent par honnêteté. Les femmes mariées l'ont toujours découverte.

Surate est renommée pour ses bayadères. Ces femmes se consacrent à honorer les dieux qu'elles suivent dans les processions en dansant et en chantant. Un ouvrier destine ordinairement à cet état la plus jeune de ses filles, et l'envoie à la Pagode avant qu'elle soit nubile. Là, on donne à ces jeunes filles des maîtres de danse et de musique.

Les brames cultivent leur jeunesse, dont ils dérobent les prémices; elles finissent par devenir femmes publiques. Alors elles forment entre elles un corps, et s'associent avec des musiciens pour aller danser et amuser ceux qui les font appeler. Elles s'exercent à rendre leurs danses le plus possible voluptueuses et lascives. Lorsqu'elles sont appelées, elles ont grand soin de se parer, elles se parfument, se couvrent de bijoux et mettent de riches habits.

Les peines infligées, par les brames qui se marient, à leurs femmes surprises en adultère, consistent à les enfermer entre quatre murailles, mais s'ils les aiment, ils leur pardonnent, et la faute est oubliée. Cette réconciliation donne lieu à un grand festin, et la coupable sert les convives.

François Caron rapporte qu'un brame ayant trouvé sa femme, la lia et tua l'adultère. Le lendemain, il invita tous ses parents et ceux de sa femme à un festin. Quand on fut à table, et au moment où on commençait à se réjouir, le mari sortit pour aller couper au mort les parties de la génération qu'il mit dans une boîte ornée de fleurs; après quoi, déliant sa femme et la couvrant d'un suaire, il lui ordonna d'aller porter la boîte aux convives. La malheureuse obéit et vint se jeter, à demi-morte, aux pieds de l'assemblée. A l'ouverture de la boîte, elle s'évanouit, et le mari lui coupa la tête.

Le mariage, dans l'Inde, est regardé comme l'acte le plus important de la vie. Persuadés qu'ils ne sont sur la terre que pour se reproduire, les Indiens regardent la stérilité comme une malédiction. Mourir sans laisser un enfant, au moins adoptif, est pour eux le plus grand malheur.

Les Indiens poussent jusqu'à l'extrême leur délicatesse sur la virginité, aussi ils épousent les filles avant qu'elles aient atteint l'âge de la puberté, et dédaignent celles qui sont nubiles, parce qu'ils ne seraient pas sûrs qu'elles sont intactes.

Cet usage vient sans doute de ce que la première nuit des noces appartient de droit au brame qui a fait le mariage; l'âge tendre de l'enfant l'empêche de jouir de ce privilége.

Abraham Roger dit qu'à la côte de Malabar les seigneurs qui se marient prient leur souverain de coucher les deux ou trois premières nuits avec leurs femmes; après quoi ils viennent les chercher en grande pompe. En d'autres endroits, ils offrent les prémices de leurs femmes à des idoles, à l'impuissance desquelles les brames suppléent.

Au contraire, le roi de Calicut donne la valeur de cinq cents écus aux plus considérables d'entre les prêtres pour coucher avant lui avec la femme qu'il veut épouser.

Ces contrées nous fournissent assurément des usages bien contradictoires, puisque, d'une part, on voit des hommes si jaloux de la virginité de leurs femmes, qu'ils les épousent au berceau, afin de frustrer les brames de leur privilége, tandis que, d'un autre côté, on voit des seigneurs prier leur souverain de prendre les prémices de leurs jeunes épouses, et puis, ailleurs, le souverain lui-même payer cinq cents écus à celui qui veut recueillir les premières faveurs de celle qu'il destine à partager sa couche.

Cependant, toutes ces coutumes si différentes dans ces mêmes contrées, si vastes à la vérité, n'en reviennent pas moins au même but, qui est de faciliter la reproduction pour laquelle tous les usages que nous avons décrits semblent avoir été créés.

Les veuves ne se marient jamais, toutes vierges que soient celles qui perdent leurs maris avant d'être arrivées à l'âge de puberté.

La fille qu'on épouse doit être de la même caste et de la même famille que le mari.

Lorsque les formalités nombreuses du mariage sont accomplies, on déploie le plus grand luxe pour en terminer les cérémonies qui durent plusieurs jours de suite.

La femme, avant d'être mère, ne peut coucher avec son mari que de l'ordre de sa belle-mère, encore faut-il qu'elle se glisse dans sa chambre sans être aperçue ; mais, sitôt qu'elle est mère, elle a une entière liberté.

Je ne terminerai point cet article sans parler des funérailles des Indiens, où les femmes jouent un si triste rôle.

FUNÉRAILLES DES INDIENS.

Si les mariages des riches se célèbrent avec magnificence, les funérailles semblent encore l'emporter par la pompe qu'on y déploie.

Aussitôt qu'un Indien a les yeux fermés, on en donne avis aux parents. Le voisinage retentit de cris, les femmes surtout paraissent toutes échevelées, se donnant des coups dans la poitrine, s'arrachant les cheveux et se roulant par terre. Elles s'agitent comme des bacchantes.

Autrefois, les femmes se brûlaient avec le corps de leurs maris. Aujourd'hui cette coutume ne se pratique plus que dans la caste des brames ; et, depuis que l'Inde est sous la domination anglaise, elle est entièrement abolie, ou à peu près.

L'usage le plus commun était, qu'aussitôt après la mort du mari, s'il était bramine, on plaçait la femme devant la porte de sa maison, dans une espèce de chaire dont la couverture était ornée, on battait du tambour et l'on sonnait de la trompette.

La femme alors ne mangeait plus et s'abandonnait à la prière; la victime se parait, chez elle, de tous ses bijoux et de ses plus superbes habits, comme si elle allait se marier. Ses parents et ses amis l'accompagnaient au son des instruments; les brames l'encourageaient à s'immoler, l'assurant qu'elle allait jouir d'une félicité sans bornes dans le paradis, où quelque Dieu l'épouserait pour récompenser sa vertu. Toutefois, les belles promesses des brames pouvaient déterminer quelques femmes à se brûler, mais la loi ne les y obligeait pas.

Pour disposer la victime à cette action insensée, les brames employaient des breuvages où étaient mêlées des substances narcotiques. Au moment de se précipiter dans les flammes, elle faisait ses adieux à ses parents, qui la félicitaient, les larmes aux yeux, elle leur distribuait ses bijoux et les embrassait pour la dernière fois; après avoir fait le tour de la fosse ardente, elle s'élançait au milieu des flammes. Aussitôt, quantité d'instruments faisaient retentir l'air des sons les plus aigüs, pour empêcher le peuple d'entendre les cris lamentables qu'un si horrible supplice devait arracher à ces malheureuses victimes. On augmentait l'activité du feu en y répandant une grande quantité d'huile, et l'héroïne était bientôt consumée.

Dans le Bengale, les femmes avaient assez de force et de courage pour se faire attacher sur le cadavre de leur mari, elles le tenaient embrassé jusqu'à ce qu'on allumât le bûcher, et elles attendaient ce moment avec la plus grande tranquillité.

Lorsqu'on les enterrait toutes vives, on observait les mêmes cérémonies avant que de les conduire à l'endroit de la sépulture. Quand la victime y était arrivée, elle descendait dans la fosse, qui était une sorte de caveau; là, elle s'asseyait et prenait le cadavre de son mari entre ses bras. Aussitôt on remplissait la fosse de terre jusqu'au cou de la femme, on tenait devant elle un tapis pour empêcher que l'horreur de sa mort n'épouvantât les autres femmes, on lui donnait dans une coquille quelque chose à boire, et qui était sans doute du poison, on finissait par lui tordre le cou, ce qui s'exécutait avec une dextérité surprenante.

Cette coutume inhumaine fut établie, selon Strabon, par un roi indien pour empêcher les femmes d'empoisonner leurs maris, dont elles se défaisaient par dégoût ou par inconstance; ce fait, du reste, outrage la nature. A Rome, pour faire cesser les empoisonnements, on condamnait à rester veuves les femmes dont les maris mouraient; coutume moins atroce.

Ce sacrifice, du reste, n'était autorisé par la religion des Indiens que pour les veuves sans enfants. Elle ordonnait de vivre à celles qui en avaient ou qui étaient enceintes.

Telles sont, à peu de chose près, les observations les plus saillantes que peuvent nous offrir les mœurs de la femme blanche dans l'Asie et dans l'Afrique.

HISTOIRE D'ALANKAVA

Ainsi que nous venons de le voir, la race blanche d'Orient, si variée dans ses usages comme dans ses espèces, a, elle aussi, ses croyances, ses superstitions et ses traditions plus ou moins absurdes.

Voici ce qu'ils rapportent d'Alankava, fille de Gioubinée et petite-fille d'Abodutz, roi des Mogols, de la dynastie de Kiat, la seconde qui a régné parmi eux dans l'Asie septentrionale, après le rétablissement de cette nation.

Cette princesse avait épousé son cousin germain, nommé Doujoun, roi pour lors des Mogols, duquel elle eut deux enfants. Après la mort de Doujoun, Alankava gouverna ses Etats et éleva ses enfants avec beaucoup de sagesse.

Maintenant, voici la fable inventée, sans doute, pour faire honneur à l'origine de ces grandes familles de Turcs, de Mogols et de Tartares qui ont gouverné tour à tour en Asie.

Mirkond dit que cette princesse étant éveillée dans sa chambre pendant la nuit, une grande lumière l'investit tout d'un coup, lui entra dans le corps par la bouche, descendit dans ses entrailles et sortit par les voies ordinaires de la génération.

Le phénomène ayant peu après disparu, Alankava se trouva fort surprise de cette apparition; mais elle le fut encore beaucoup plus lorsqu'elle se trouva grosse, sans qu'elle eût connu aucun homme.

Le trouble que lui causa cet événement lui fit aussitôt

convoquer une assemblée de ses sujets, qui étaient tous persuadés de sa sagesse. Cependant, comme elle les trouva fort étonnés de la nouveauté de ce fait, et qu'ils en parlaient diversement entre eux, Alankava, pour dissiper tous les soupçons que l'on pouvait former contre sa vertu, fit venir les principaux d'entre eux, et les enfermant dans sa chambre, les rendit témoins oculaires de ce qui s'y passait toutes les nuits. Ces seigneurs virent donc cette lumière qui l'investissait de la manière que nous avons déjà dit, de sorte qu'ils la justifièrent pleinement de tous les mauvais bruits qui commençaient déjà à se répandre contre elle parmi le peuple.

Enfin, le terme de cette grossesse étant arrivé, elle accoucha de trois enfants, dont le premier fut la tige des Tartares, le second des Seljiucides, et le troisième fut un des aïeux de Genghiskan et de Tamerlan.

RÉFLEXIONS SUR LA FEMME.

Suspendons un moment l'étude de la femme d'Europe, et comparons un peu la femme libre, et jouissant des bienfaits de la civilisation, à ces femmes esclaves ou encore soumises à l'empire d'usages barbares qui leur enlèvent une partie de leurs facultés morales, et les privent ainsi de leurs véritables priviléges, ainsi que je l'ai fait remarquer plus haut.

En effet, qu'est-ce que la beauté d'une femme, si elle n'est ornée des grâces de l'esprit et du cœur. L'amour des sens, l'amour brutal, une fois arrivé à la satiété et à la fatigue, touche de bien près au dégoût, et là où il n'y a plus d'illusion pour l'esprit, il n'y a plus de stimulant pour le plaisir, car le plaisir naît de l'obstacle.

Les ressources seules de l'esprit, unies à la vertu, peuvent fournir un nouvel aliment à l'amour et le rendre inaltérable. Sans ce secours puissant, l'instinct fait seul entendre sa voix, et la possession, comme on sait, est le tombeau de l'amour instinctif.

L'indolence des peuples d'Orient tient sensiblement aux usages de ces contrées où les femmes, se trouvant séquestrées de la société, laissent toute réunion privée des charmes de leur esprit et du piquant de leur conversation.

La femme seule, par ses saillies spirituelles et ses fines reparties, est susceptible d'animer une société d'hommes, qui, abandonnés à eux-mêmes, ne peuvent faire autrement que de s'occuper d'intérêts sérieux et graves.

La séquestration des femmes a donc dû nécessairement donner à ces peuples un ton de gravité et de monotonie que la société seule de ce sexe était appelée à combattre, et changé les vastes contrées soumises à l'islamisme en un vaste tombeau.

En effet, là où ne règnent pas l'amour et la liberté, il ne peut y avoir ni activité ni émulation; c'est l'amour qui vivifie tout, et l'émulation ne peut naître que de la fréquentation des femmes. La société qui est privée de la présence des femmes est privée, par cela même, des arts et du bon goût, que leur esprit fin et délicat sait si bien animer.

Chose remarquable! la femme véritablement belle est

celle chez qui l'on remarque les goûts les plus exquis, comme si la beauté ne savait faire choix que de ce qui s'harmonise avec ses formes et ses grâces.

L'homme le plus grossier, dans un pays libre, finira toujours par se polir plus ou moins dans la société des femmes : n'a-t-on pas vu Hercule filer aux pieds d'Omphale?...

En effet, il est un sentiment inné dans l'homme, qui le porte à plaire au sexe qu'il est appelé à protéger, car la femme libre choisit elle-même son protecteur. D'un autre côté, la vanité de l'homme l'excite toujours à rechercher une préférence quelconque sur un rival, et la femme libre ne peut céder cette préférence que vaincue par les traits de l'amour.

Mais, en Orient, qui peut inspirer à l'homme le sentiment du beau?... Habitué à jouir de plaisirs qui ne lui coûtent d'autres frais que la manifestation de sa volonté, il ne demande pas des faveurs, il les accorde; il ne lui est pas nécessaire de chercher les moyens de plaire, c'est à la femme qui veut être préférée de l'emporter sur ses rivales. Là les rôles sont intervertis, l'instinct règne en maître, la force brutale seule est en faveur et tient à l'écart l'amour et les doux sentiments qui l'accompagnent.

La liberté des femmes a enfanté les arts et la civilisation; elle seule peut donner le goût du beau et réveiller dans l'homme les sentiments sublimes qui peuvent faire prédominer chez lui le moral sur l'instinct, dont la voix puissante se fait sans cesse entendre pour l'accomplissement des grandes vues de la nature, qu'un excès de civilisation a peut-être trop méconnu.

Toutefois, cette appétence instinctive, que la raison s'étudie à combattre chez l'homme civilisé, est restée la sauvegarde du grand œuvre de la reproduction et de la conservation de l'espèce, vers l'accomplissement duquel l'homme primitif ou à l'état sauvage, comme l'animal à l'époque du rut, se trouve entraîné par une force irrésistible, entraînement que la raison seule peut combattre, sans prétention de le faire toujours avec succès, tant il est vrai que sont fortes et puissantes les lois imposées par la nature.

Mais la nature, en créant les deux sexes, n'a point imposé au plus faible l'obligation de vivre dans l'esclavage et sous la dépendance de l'autre. L'homme et la femme sont nés pour vivre en société et avec des droits égaux, et il est si vrai que cette obligation a été imposée à notre espèce comme garant de sa conservation, que partout où nous voyons la séquestration de la femme, nous voyons aussi la reproduction manquant de son stimulant naturel, tomber dans la langueur et manquer le but que lui a imposé la création.

Ce qui arrive pour la séquestration des femmes se retrouve encore chez les peuples primitifs, où la femme, n'obéissant à aucune réserve et n'ayant aucune teinte des lois de la pudeur, obéit sans contrainte à l'accomplissement des besoins instinctifs. Là aussi, le but proposé par la nature pour la reproduction de l'espèce est manqué, et l'on ne trouve, à la place d'hommes énergiques et intelligents, qu'une race peu féconde, abâtardie et incomplète. Car, dans ce cas comme dans le premier, il y a satiété, et là où il n'y a pas résistance, il y a bientôt dégoût.

La civilisation est donc la meilleure sauvegarde des lois de la reproduction, et nous avons déjà vu que la condition essentielle de la civilisation est la société et l'harmonie établie entre l'un et l'autre sexe, laquelle harmonie doit avoir pour base les sentiments moraux appelés à régler et à commander aux lois instinctives.

La femme a donc été créée non pour obéir à l'instinct, mais pour lui imposer des lois, et c'est sur cette vérité que repose tout notre édifice social.

En effet, que la femme renonce aux sentiments de pudeur qui lui dictent ses devoirs, que deviendront les lois de la famille?... Et une fois les liens sacrés de la famille rompus, que deviendra notre ordre social?...

L'éducation de la femme et son affranchissement sont donc les bases de toute société. Plus la femme aura le sentiment de sa valeur, plus sacrés seront les liens de la famille; de même aussi plus solides seront les bases de la société.

La dissolution des mœurs a toujours été le prélude des malheurs qui ont accablé les peuples; tous les empires ont succombé à ce fléau destructeur.

Partout où nous voyons la femme avilie, nous voyons régner le despotisme, ou l'absence de toute loi sociale. Là où nous voyons la femme dans l'esclavage, nous trouvons le pouvoir entre les mains des despotes. Là aussi où la femme méconnaît les règles de la pudeur, nous retrouvons l'anarchie et l'absence complète de toute loi répressive.

La moralité de la femme, le développement de ses sentiments innés de pudeur et de réserve par l'éducation et la culture des arts, sont donc la base de tout ordre social; car plus l'esprit de la femme sera élevé, plus elle aura le sentiment de sa valeur, plus grandes seront ses exigences, et plus aussi l'homme sera tenu à faire de frais pour mériter les faveurs qu'il ambitionnera.

Or chez la femme morale, et dont les facultés ont été bien cultivées, l'amour n'admet que le sentiment du beau et du bien; les belles actions seules peuvent émouvoir la sensibilité d'une femme pieuse et bien élevée. Si donc la femme renfermée dans de telles conditions exige, il faudra nécessairement que celui qui voudra obtenir ses faveurs se rende digne de les mériter, en se conformant à ses goûts et en s'élevant à la hauteur de ses sentiments.

Ainsi, la distinction de la femme est un sûr garant de l'élévation des sentiments moraux de l'homme, de même que l'avilissement et la dépravation des mœurs de la femme sont les indices certains de la corruption et de l'abrutissement de l'homme.

La femme libre et civilisée, comparée à la femme esclave ou vivant dans les harems de l'Orient, c'est la vie comparée au néant.

Mais la femme libre, opposée à l'homme, c'est la modestie, la faiblesse et les grâces opposées à la force, à la volonté énergique et à la puissance.

La femme a été créée faible, timide et tendre, pour adoucir le caractère fougueux de l'homme et obtenir, par les caresses et la modestie, ce que le courage refuserait à la force, tant il est vrai que le Créateur a établi partout l'équilibre et l'harmonie la plus parfaite.

ETUDE DE LA FEMME EN EUROPE.

Nous avons vu, dans toutes les contrées soumises aux lois de l'islamisme, ou encore retenues sous l'empire du paganisme, la femme vivant en esclavage, parce que là où prédomine encore l'instinct et la force brutale sur la raison, là aussi la faiblesse doit être soumise à la puissance physique.

Notre belle patrie, dans les temps anciens comme de nos jours, semble avoir été pour la femme une terre privilégiée, un séjour d'égalité, où ses droits n'ont jamais été contestés.

En effet, la condition de nos mères était bien supérieure à celle des dames romaines.

La Gauloise choisissait son époux.

Mariée, elle était l'associée de son mari, elle avait la moitié des biens.

L'éducation des enfants lui appartenait exclusivement. Quand le fils savait manier les armes, alors seulement elle le présentait à la tribu.

La femme était donc respectée chez les Gaulois, et je l'ai dit, le respect de la femme est le premier jalon planté vers la liberté et la civilisation.

Ce sont les générations de femmes gauloises qui, chez nous, ont perpétué la race de ce peuple robuste et magnanime. Les conquérants, Romains, Bourguignons, Francs, Sarrasins, ont eu beau s'abattre et s'implanter sur le sol, ils n'avaient point amené leurs femmes avec eux; ils ont trouvé, dans le pays conquis, les femmes gauloises qui ne l'ont jamais quitté, et avec elles l'élément gaulois qui a toujours survécu et prédominé ; de manière qu'aujourd'hui encore nous sommes les Gaulois du temps de César, nous sommes le même peuple et nous avons le même amour de l'égalité.

Mais il n'appartenait qu'au christianisme de venir renverser l'ordre de choses dont le règne avait dominé trop longtemps l'univers entier; il y réussit en exaltant la puissance du spiritualisme, et en démontrant tout ce qu'a de vil et de méprisable l'empire de la matière, qui alors gouvernait le monde entier.

En effet, le christianisme, en combattant le matérialisme, apprit aux hommes à faire prédominer la raison sur l'instinct, et fournit au faible des armes contre son oppresseur.

La religion du Christ révéla aux hommes une morale toute nouvelle et jusque-là inconnue de toutes les autres. Elle apprit à l'homme à se haïr soi-même, ou plutôt à haïr ses instincts. Elle grava dans les esprits ce sentiment profond d'humilité qui détruit tout amour-propre. Elle mit la continence sous la garde de la plus austère pudeur, en l'obligeant à faire un pacte avec ses yeux, afin que le cœur ne s'éprît pas d'une flamme criminelle. Les plus grands talents durent être unis à la plus grande modestie, la volonté même du crime dut être réprimée.

Le mariage fut rappelé à sa première institution, en défendant la polygamie. Elle eut en vue l'éternité de ce lien sacré formé par Dieu même, en proscrivant la répudiation, qui, favorable au mari, ne peut être qu'un immense malheur pour la femme et pour les enfants.

De telles dispositions établirent des droits égaux entre l'homme et la femme, dans toutes les contrées où s'étendirent les bienfaits de la morale du Christ.

Aussi pourrions-nous, dans l'étude de la femme, établir deux grandes divisions : étude de la femme libre ou chrétienne; étude de la femme esclave ou payenne. Cette dernière tâche ayant été réalisée dans l'esquisse historique de la femme blanche d'Asie et d'Afrique, nous n'avons à traiter que de la femme chrétienne.

DE LA FEMME LIBRE OU CHRÉTIENNE.

Toute l'Europe étant habitée par la race blanche, et soumise aux différentes sectes de la religion chrétienne, nous retrouverons dans tous les Etats de cette vaste contrée, berceau de la civilisation, la femme soumise, à peu de chose près, aux mêmes coutumes, aux mêmes usages, c'est-à-dire à l'état de liberté.

La femme, nous l'avons déjà dit, ne peut jouir pleinement de ses avantages moraux qu'à la condition expresse d'avoir reçu une éducation morale complète. Or, partout où règne le christianisme, nous retrouvons, chez la femme de toute condition, les sentiments du cœur avec toute leur élévation, aussi bien dans la mansarde de l'ouvrier que sous les toits dorés. Partout où règne la morale du Christ, nous retrouvons, chez la femme, le type de la véritable distinction, car la religion chrétienne a cela de particulier, qu'elle élève au-dessus du vulgaire l'esprit de celui qui en est profondément imbu, tant ses principes ont de force et de puissance.

Le christianisme renferme le germe de toutes les vertus; or la vertu seule fait la supériorité de la femme.

Toute femme qui méprise la vertu devient, à l'instant, méprisable et retombe dans l'abjection et l'esclavage, car elle perd sa liberté, puisqu'elle devient soumise à l'empire du vice et de ses passions.

La véritable grandeur consiste donc à dominer ses penchants et ses mouvements instinctifs, en mettant au-dessus d'eux la morale et la vertu.

Cela posé, l'on doit comprendre l'immense supériorité que peut imprimer à la femme une éducation religieuse, si surtout la culture des arts vient tempérer l'austérité d'une règle trop sévère, et imprimer à l'esprit assez de discernement pour le prémunir contre les pratiques exagérées du mysticisme

Une femme pourvue de tels avantages sera susceptible d'exciter la plus violente passion, comme d'entretenir l'attachement le plus durable, car l'ornement de son esprit servira d'agent provocateur, tandis que sa vertu sera une sauvegarde qui lui donnera la puissance nécessaire pour résister aux penchants qui pourraient l'entraîner, et qui lui servira de guide dans la voie de la raison.

La religion peut laisser sur l'esprit de la femme une impression bien plus durable que sur celui de l'homme, sans cesse tourmenté par le mouvement des passions soumises à l'appétence physique, tandis que, chez la femme, la pudeur naturelle et innée à son sexe vient en aide à la raison contre l'empire de l'instinct.

INFLUENCE DE LA FEMME

SUR LE DÉVELOPPEMENT DE LA CIVILISATION.

Le christianisme, dont la morale bienfaisante s'adresse surtout au cœur chez ceux qui l'écoutent, vit, dès le principe, au nombre de ses prosélytes les plus fervents tout ce qui, dans l'ancienne société corrompue de l'empire romain, était retenu sous le joug de la souffrance et de la contrainte, car il vint apprendre aux malheureux la résignation et la patience.

La femme la plus distinguée fut celle qu'impressionna le plus vivement une morale qui enseignait la charité, et qui s'accordait si bien avec les qualités de son cœur, toujours prêt à l'indulgence, et qui ne peut être ému que par les sentiments du beau et du sublime.

La morale évangélique réveilla chez la femme les sentiments d'une dignité non encore éteinte, malgré le vice et la corruption passés en pratique religieuse, et bientôt elle lui apprit à mettre plus de réserve et de pudeur dans ses rapports sociaux, en imprimant dans son cœur l'idée de sa juste valeur.

Une fois devenue maîtresse d'elle-même et de ses sens, par le secours merveilleux de la morale si pure du christianisme, la femme devint supérieure à l'homme, et l'on vit les maîtres du monde embrasser la religion nouvelle, dont les préceptes leur avaient été inspirés par l'entremise d'une épouse chaste et vertueuse.

Bientôt la douceur, la modestie, la pudeur de la femme transformèrent la face du monde, et à la barbarie, à la pratique de tous les vices, on vit succéder la vertu, la charité et l'encouragement au bien.

Quatre reines établirent le christianisme en Occident :

Clotilde, épouse de Clovis ;

Ingonde, femme de saint Erménigilde ;

Théodelinde, femme d'Agilulfe ;

Berthe, épouse d'Ethelrède.

Une sœur des empereurs Basile et Constantin, mariée à un knès, ou grand duc de Moscovie, nommé Wladimir, obtint qu'il se fît baptiser, et les Moscovites l'imitèrent.

Micislas, duc de Pologne, fut converti par sa femme, sœur du duc de Bohême.

Les Bulgares reçurent la foi de la même manière.

Giselle, sœur de l'empereur Henri II, rendit chrétien son mari, roi de Hongrie.

La société, dès lors, revêtit un aspect tout nouveau, et sans s'abandonner à une théocratie trop exclusive, on vit les gouvernements baser leurs préceptes et leurs lois sur la morale évangélique.

Les mœurs, devenues plus douces par l'impulsion nouvelle qu'elles recevaient des émanations bienfaisantes du cœur de la femme, arrivée à la souveraineté par la toute-puissance de sa modestie et de ses grâces, virent naître une civilisation nouvelle, que vinrent embellir les arts et l'amour du beau, qui prend sa source dans l'amour du bien et la pratique des vertus sociales.

Les peuples, toujours en armes, mirent plus de réserve dans leurs motifs de guerre, et les souverains, devenus frères par la communauté de religion, mirent fin à leurs querelles particulières, pour ne plus s'occuper que du bien-être de leurs États.

Ainsi le christianisme, en élevant le cœur de la femme par la connaissance et la pratique de la vertu, trouva en elle l'auxiliaire puissant qui devait lui subjuguer le monde. Car la morale évangélique ne s'impose pas par la violence, elle se persuade par le raisonnement, et la modestie est son avocat le plus habile.

En effet, la femme, devenue chrétienne, ne pouvait plus trouver le bonheur que dans la pratique du bien, et ses faveurs devaient être le prix des belles actions.

L'homme, pour plaire, dut donc lui-même s'étudier à pratiquer la morale et à réprimer ses vices, et c'est ainsi qu'un peuple, adonné aux jouissances charnelles, dut éprouver un changement profond dans ses mœurs, au moyen des conditions imposées par ce sexe fait pour obéir à la force brutale, mais adroit à vaincre par la persuasion.

Ainsi vécurent les peuples dans la pratique de la vertu, tant que durèrent les préceptes et les exemples de la religion dans leur pureté primitive; mais l'amour des biens de ce monde ayant corrompu les pasteurs, bientôt on vit renaître la barbarie, et avec elle tous les vices et les maux de l'ancienne société.

Cette première période du christianisme est assurément la plus belle époque de la vie philosophique de la femme. Heureux si la civilisation, dans ses excès, en imprimant à ce sexe des goûts faux et pervers, n'était pas venue changer des dispositions qui devaient assurer le bonheur de la société et de la famille.

CAUSE DE LA DÉCADENCE DES MŒURS.

La politique de nos rois, en concentrant autour du trône une cour nombreuse de seigneurs, devenus esclaves du prince, et en imprimant à la noblesse le goût d'un luxe exagéré, a détruit les bases de toute stabilité sociale, en détruisant les mœurs et en substituant à la pudeur et à la morale la coquetterie, l'ambition et tous les vices qui en découlent.

Si le clergé avait gardé son austérité primitive, au lieu de rechercher la puissance temporelle et de s'abandonner à toutes les jouissances du luxe et de la mollesse, il eût conservé sur les peuples toute son autorité spirituelle, et, resté maître de l'éducation de la jeunesse, il lui eût été facile de réprimer les vices d'une société dont il aurait pu, à son gré, diriger l'enfance et les premiers penchants.

Mais la société, encouragée par l'exemple des grands, et une fois affranchie de la censure spirituelle par la conduite de ses censeurs, ne tarda pas à s'abandonner à tout le débordement des passions.

Les vices de la société actuelle viennent donc du relâchement des mœurs du clergé d'autrefois, et si le prêtre d'aujourd'hui, que l'on peut à juste titre prendre pour le modèle de toutes les vertus, veut rappeler la société aux règlements primitifs de notre religion, on l'accuse d'exagération, tant les mœurs sont dégénérées.

Le clergé ayant abandonné ses droits sur l'éducation de la jeunesse, on vit les sophistes, rebut de la société, et nés pour le malheur des peuples, s'emparer de cette prérogative, qui était une émanation divine.

Avec de pareils maîtres, l'enseignement prit une direction funeste. Le dogme fut oublié. La raison humaine, si fragile, fut mise à la place de la tradition et du dogme. Le rationalisme parut. Toute idée fondamentale et religieuse fut anéantie.

L'enseignement, enlevé au clergé, fut remis aux mains du philosophe, et la jeunesse fut privée de ses instituteurs naturels, devenus trop soucieux de leurs propres intérêts et trop tourmentés par l'ambition.

Dès lors, on put se demander à quoi pouvait servir le sacerdoce, privé du seul privilége auquel il ait été destiné par institution divine.

Car, je vous le demande, si le sacerdoce est privé de la direction de la jeunesse, où cette jeunesse puisera-t-elle son instruction religieuse, seule base de toute éducation sérieuse?... En effet, rien de sérieux peut-il germer dans un cœur qui a été privé des armes nécessaires au combat des passions?...

Aussi tout est superficiel aujourd'hui dans l'éducation, et la jeunesse arrive à l'âge des orages sans être armée pour les combattre.

Deux résultats graves dérivent d'un tel état de choses. D'abord, la jeunesse, privée des secours de la religion contre la fougue des passions, s'abandonne à tous les débordements du vice et du libertinage, dont elle devient prématurément victime. En second lieu, privée d'un raisonnement solide, fruit d'une éducation sérieuse, on voit cette jeunesse libertine apporter le trouble le plus profond dans l'ordre social, qu'elle veut à toute force soumettre aux caprices de ses vices et des rêves de son imagination délirante.

L'éducation de la femme ne pouvait rester à l'abri d'un bouleversement si profond dans la direction sacrée de la jeunesse. J'ai déjà dit que là où ne dominent pas les principes moraux du christianisme, la femme ne peut être, au moral, que ce que l'homme la fait; car, privée de sa puissance naturelle, la femme est désarmée et devient la proie du plus fort.

Or, si l'homme est adonné à la frivolité, on devra chercher à lui plaire par des moyens frivoles, à défaut de la vertu et de qualités solides.

Aussi les arts d'agrément tiennent-ils le premier rang aujourd'hui dans l'éducation de la femme, la coquetterie et l'artifice devant tenir lieu des qualités essentielles à la mère de famille.

L'enseignement, tombé dans le domaine de la spéculation, s'applique bien plus à développer, chez les femmes, les grâces stériles et factices, les formes souvent menteuses du corps, qu'à cultiver les ornements modestes de l'esprit, et la pudeur et la vertu.

MŒURS & COUTUMES

DE LA FEMME EUROPÉENNE

En Europe et dans tous les pays soumis aux différentes sectes chrétiennes, la femme est libre et sort à visage découvert. Les bienséances ne s'en trouvent point blessées, comme en Orient, et la galanterie, telle qu'elle se pratique dans toute société honnête, ne blesse en aucune façon nos mœurs.

Les plus jolies femmes et les plus piquantes se font remarquer, surtout dans le midi de l'Europe. Mais, en Espagne, par exemple, le type caucasien s'est fondu avec le type arabe, pendant l'occupation de cette contrée par les Sarrasins, dont le climat, et d'autres causes, au nombre desquelles on doit compter les mariages trop précoces, ont fait un type nouveau.

Les mœurs du midi de l'Europe nous offrent des considérations toutes particulières, et l'on peut voir en Espagne et en Italie, mais en Espagne surtout, toutes les pratiques de la religion mêlées à la galanterie la moins déguisée.

Les mœurs particulières au pays, le climat qui imprime à l'organisation plus de vivacité, en sont la cause.

Les modes françaises sont recherchées par la société européenne, presque toute entière. Du reste, il faut en dire autant de notre langue, de notre littérature, etc., qui sont devenues la langue, la littérature universelles. L'on ne voit plus guère les costumes nationaux qu'en

Espagne, ou dans les villes, cependant, les femmes cherchent à s'attifer des costumes de nos Parisiennes, lesquels coutumes sont loin de convenir à leurs gracieuses tailles et à leurs jolis visages, comme leurs élégants corsages et leurs provoquantes mantilles, sous lesquelles on voit briller les yeux les plus voluptueux.

Le costume national des dames espagnoles est uniforme, comme leur visage pâle et d'un blanc mat.

La robe noire à corsage plat, dessinant les formes les plus élégantes; les épaules découvertes sur lesquelles flotte une mantille blanche ou noire, sorte de voile fixé sur leur chevelure d'un noir de geai, et l'éventail, dont le mouvement est continu, complètent toute leur toilette, dont la simplicité est compensée par la beauté séduisante et voluptueuse qu'elle recouvre, et à laquelle elle prête encore des charmes.

Comme toutes les femmes du Midi, les Espagnoles sont extrêmement précoces, mais elles perdent de bonne heure leur fine taille, et acquièrent, jeunes encore, un embonpoint disgracieux.

En apparence graves, elles se livrent néanmoins au plaisir avec une sorte de fureur, et, aujourd'hui, comme du temps des Romains, leurs danses nationales passent à juste titre pour les plus provoquantes et les plus lascives.

Les Portugaises et les Espagnoles sont remarquables par leurs beaux yeux noirs, une taille svelte et souple, un pied admirable de petitesse et de forme; ce teint pâle, cet air sérieux, dédaigneux même, et fait pour inspirer les grandes passions et rebuter les hommages vulgaires et frivoles.

L'éducation des femmes, en Espagne, n'est point aussi soignée qu'en France et en Angleterre, et c'est sans doute à cette raison que l'on doit attribuer cet assemblage bizarre de la galanterie et de la dévotion.

La précocité des femmes de cette contrée de l'Europe fait qu'on les marie plus tôt qu'en France, où la même coutume était suivie également autrefois dans les provinces du Midi.

En Italie et en Grèce, situées sur la même latitude que l'Espagne, nous trouvons, à peu de chose près, le même type de femmes, les mêmes usages et les mêmes mœurs.

En Grèce, ou du moins dans certaines parties de ce royaume, il se pratique des mariages à gages, sans doute en raison du voisinage de la Turquie, où règne la polygamie.

Tous les pays situés sous la zone tempérée, comme la France, l'Allemagne, l'Angleterre, etc., ainsi que les pays du Nord où règne la morale du Christ, sont soumis aux mêmes usages et aux mêmes mœurs.

Quelques exceptions bizarres, mais tombées en désuétude, règnent encore en certains pays. Ainsi, en Angleterre, la loi permettait autrefois au mari offensé de mettre en vente, sur la place publique, la femme dont il avait à se plaindre, et l'on a encore vu dernièrement un exemple de ce singulier et barbare usage.

Il existait aussi, et il existe encore en Angleterre, un genre de mariage regardé comme légitime, malgré le grotesque de la cérémonie.

Lorsque deux amants sont bien malheureux, par l'obstacle qu'apportent à leur union des parents trop sévères, ils s'en vont trouver, dans un des vieux quartiers de la Cité, un certain forgeron qui, ayant pour tout costume pontifical les insignes de sa profession, et les bras retroussés, prononce les paroles sacramentelles, et les amants s'en retournent joyeux, comme un catholique béni par les mains du pape.

En Allemagne, on célèbre encore dans toutes les contrées soumises à la secte, dite Confession d'Augsbourg, les mariages de la *main gauche,* qui ne diffèrent guère des anciens mariages à gages, ou concubinage.

Lorsqu'une fille de la haute noblesse se marie avec un prince, elle acquiert le titre de princesse ; mais une fille de la noblesse inférieure ne devient ni comtesse ni baronne, quoiqu'elle épouse un comte ou un baron.

Les enfants, provenant d'un tel mariage, ne deviennent habiles à succéder aux dignités et aux fiefs de leur père, et l'épouse ne peut jouir des prérogatives attachées au rang de l'époux, qu'après une permission de l'empereur, laquelle permission doit être ratifiée par la Diète.

En France, la loi n'admet plus les mariages secrets, et le mariage civil est seul regardé comme valable. Le mariage religieux ne peut même être célébré qu'après l'exhibition d'un certificat constatant qu'il a été procédé au mariage civil.

Tous ces mariages, dans l'état actuel de notre civilisation, sont tout à fait contraires aux lois saintes de la famille, et ne peuvent être regardés que comme autant de moyens de se soustraire à la légitimité et aux devoirs d'un engagement sacré, dénotant, du reste, plutôt l'empire de l'instinct que celui de la raison.

MONOGAMIE.

Le concubinage n'étant plus permis par nos lois chrétiennes, tous les Etats soumis à l'empire du christianisme admettent exclusivement, comme base de la famille, la monogamie.

Si l'on considère le rang de la femme dans notre société, sa part de l'héritage, on comprendra facilement qu'elle y existe à l'état d'égalité parfaite avec l'homme.

Or, dans tous les États où la femme libre participe au partage des biens patrimoniaux, il eût été de toute impossibilité de permettre la polygamie, sans apporter la perturbation la plus profonde dans la répartition uniforme de ces biens, qu'un habile spéculateur aurait pu accaparer par des mariages successifs.

Ainsi donc, à ce point de vue, là où la femme, outre sa dot, est admise à la répartition égale des biens patrimoniaux, la polygamie ne peut être admise, car la polygamie entraîne nécessairement l'esclavage de la femme dans les États où elle est établie.

Maintenant, cela étant posé, la femme étant libre d'elle-même, et ne s'unissant qu'à l'homme de son choix, à qui elle a su inspirer un amour sérieux, peut-on admettre que cet amour doive s'éteindre un jour?... Non, car le choix qui a été fait, de part et d'autre, a eu lieu avec connaissance de cause, et le législateur n'a point dû prévoir un mécompte là où il y a eu liberté pleine et entière.

Les biens d'une famille, telle qu'elle est constituée en Europe, sont aussi bien le résultat de l'apport de la femme que de celui du mari. Or, de quel droit le mari convierait-il des étrangers au bien-être d'un intérieur dont la moitié seulement lui appartient ?...

Partout où la femme jouira de ses droits à l'héritage patrimonial, elle devra jouir également de ses prérogatives et de sa dignité. Or, toute rivalité est attentatoire à sa dignité, qui ne peut admettre aucun partage dans le cœur de celui à qui elle-même a donné une préférence qu'elle était libre de refuser.

La polygamie, dit Montesquieu, existe dans l'Inde, parce que la femme se mariant sitôt qu'elle est nubile, c'est-à-dire à huit ou dix ans, elle ne jouit de ses agréments et de ses charmes que dans son enfance, et qu'à l'âge où la raison pourrait lui permettre d'utiliser ses avantages pour subjuguer l'homme, elle les a déjà perdus.

Cependant, en Perse et en Turquie, où règne également la polygamie, les femmes ne se marient pas à l'état d'enfance; elles acquièrent, il est vrai, un certain empire sur leurs maris. Mais dans ces États où règne le despotisme, les femmes sont un objet de luxe, et le patrimoine appartient exclusivement à l'homme, qui peut en disposer lui seul, et en établir la répartition entre ses enfants, de quelque mère qu'ils soient nés.

Selon nous, et malgré notre grand respect pour l'illustre Montesquieu, la supériorité de la femme, dans les

États de l'Europe, vient de son affranchissement par la religion chrétienne, qui a su ajouter aux grâces naturelles de la femme le plus précieux de ses avantages et de ses agréments, la pudeur.

Telles sont, à peu près, les raisons matérielles qui militent en faveur de la monogamie; mais si, d'une autre part, l'on considère le peu de durée de notre triste existence, qui nous donne à peine le temps nécessaire pour élever les enfants que Dieu nous a donnés, si l'on tient compte des devoirs du père de famille envers ceux qu'il a mis au jour, on trouvera encore des raisons envers la théorie de la monogamie.

L'amour, qui avait uni, dans le principe, l'homme et la femme, s'éternise en se reportant petit à petit sur les enfants qui sont nés de leur union sacrée, et forme entre eux un lien moral qui devient indissoluble.

Le bien-être des enfants ne peut être parfait qu'à la condition expresse d'une coopération réciproque entre le père et la mère.

Maintenant, la monogamie, traitée au point de vue physiologique, est-elle un état normal?... Non, si vous considérez l'homme au seul point de vue de la multiplicité de l'espèce, et encore, dans ce cas, faudrait-il restreindre la polygamie dans de justes bornes... Oui, si vous le considérez au point de vue de ses devoirs sociaux Or, l'homme est-il fait pour vivre à l'état de société, ou pour vivre à l'état sauvage?... Est-il un être doué de raison, ou un être régi par les seuls sentiments de l'instinct?... Là est toute la question.

Si l'homme est fait pour vivre à l'état social, il doit

obéir à toutes les exigences du but pour lequel il a été créé. Or, nous avons déjà démontré que la polygamie est incompatible avec la civilisation, et n'appartient qu'aux États despotiques.

La polygamie, à l'état sauvage, et privée de tout frein, est le plus grand obstacle à la reproduction de l'espèce, soit que l'un et l'autre sexe soit abâtardi par l'excès de jouissances trop précoces, soit que ces jouissances soient trop multipliées.

DIVORCE.

Le divorce, si facile dans les pays où règne la polygamie, n'existe plus désormais dans les pays libres.

Longtemps en vigueur sous nos premiers rois, il n'existe plus désormais que dans les États de la Confession d'Augsbourg.

Le divorce est certainement contraire à la première institution du mariage, qui, de sa nature, est indissoluble. Il était néanmoins permis chez les Payens et chez les Juifs, aussi bien que chez les Romains.

Chez les Romains, l'acte par lequel le mari entendait faire divorce s'appelait *libellum repudii.*

Chez ce peuple, le divorce était fréquent, et se faisait pour des causes légères. La formule ancienne du divorce était en ces termes : *Tuas res tibi habeto*, *res tuas tibi capito.*

Le mari avait seul le droit de provoquer le divorce; Julien étendit ce droit à la femme.

Quand ce droit venait de la femme, elle rendait les clés et retournait chez ses parents.

Certains auteurs attribuent cette loi à Julien dit l'Apostat; mais il paraît qu'on doit l'attribuer plutôt au jurisconsulte Julien, auteur de l'*Édit perpétuel*, et qui vivait du temps d'Adrien. Ce qui est certain, c'est qu'au temps de Marc-Aurèle, une femme chrétienne répudia hautement son mari, comme nous l'apprend saint Justin; ce qui prouve qu'alors le divorce existait aussi bien parmi les Chrétiens que chez les Payens.

Les causes du divorce, réciproques entre les deux conjoints, étaient : le consentement mutuel du mari et de la femme, ou le consentement des pères et mères, d'une part, et des enfants de l'autre.

L'adultère du mari ou de la femme, si l'un des conjoints avait battu l'autre ou attenté à sa vie; l'homicide du mari ou de la femme.

L'impuissance naturelle, qui, suivant l'ancien droit, s'était manifestée pendant trois ans; tout crime de larcin, de recèlement, de faux, de sacrilége, de poison, violation d'une sépulture, crime de lèse-majesté, conspiration contre l'État.

L'empereur Justinien ajouta à ces causes de divorce la profession religieuse, le vœu de chasteté, la condition servile, la longue absence.

Contre la femme on invoquait comme causes de divorce : l'avortement prémédité, l'infidélité; si la femme allait manger avec des hommes étrangers, si elle avait le front d'aller dans un bain commun avec des hommes; lorsqu'elle avait l'audace de porter la main sur son mari;

si, contre la défense de son mari, elle passait la nuit hors de sa maison ; si elle allait à des jeux publics.

On peut voir, du reste, par l'énumération de toutes ces causes de divorce, jusqu'à quel point pouvaient se porter le libertinage et les débordements des dames romaines.

Le divorce donnait à chacun des conjoints le droit de se remarier.

Longtemps aboli, il fut renouvelé, en France, à l'époque de la révolution de 89, et sanctionné par une loi de l'Empire, qui a été abrogée par une autre du 8 mai 1816.

La loi du 31 mars 1803, sur le divorce, était ainsi conçue :

ART. 229.

Le mari pourra demander le divorce pour cause d'adultère de sa femme ;

ART. 230.

La femme pourra demander le divorce pour cause d'adultère de son mari, lorsqu'il aura tenu sa concubine dans la maison commune.

ART. 231.

Les époux pourront réciproquement demander le divorce, pour excès, sévices et injures graves de l'un d'eux envers l'autre.

La loi de 1816 a renchéri, même sur la loi de Dieu, car l'Ancien Testament permettait absolument le divorce, dans le chapitre 24 du *Deutéronome*, et le Nouveau Testament en admettait un motif : l'adultère (Évangile selon saint Mathieu, ch. XXIX).

Saint Jean-Chrysostôme appelait fou et impie l'homme qui voudrait garder une épouse déréglée.

Au divorce, la loi de 1816 a substitué la séparation, qui ne permet pas aux conjoints de contracter de nouveaux engagements.

Les causes, invoquées pour la séparation, sont les mêmes que celles invoquées pour le divorce.

MARIAGE.

LÉGISLATION CIVILE & RELIGIEUSE.

Le mariage ne peut être contracté civilement entre les parents au premier degré, c'est-à-dire entre le frère et la sœur, et par conséquent entre père et fille ou mère et fils, ce qui avait pourtant lieu autrefois dans certains Etats, par exemple, en Egypte et en Assyrie, et se voit encore chez quelques peuples de l'Asie, où le père veut jouir des prémices de ses filles.

Pour le mariage religieux, il faut obtenir des dispenses pour contracter mariage entre parents aux degrés inférieurs. L'Église l'avait d'abord défendu entre parents au septième degré; mais le concile de Latran, sous Innocent III, en 1215, réduisit la défense au quatrième degré.

Outre les causes qui pouvaient être invoquées autrefois pour provoquer le divorce, et qui servent aujourd'hui à invoquer la séparation, il en existe qui peuvent être alléguées pour empêcher un mariage, et même pour le rendre nul, s'il a été célébré.

Ces empêchements peuvent être de deux sortes, les

empêchements dirimants, et ceux appelés seulement prohibitifs.

Les empêchements dirimants, très nombreux, rendent le mariage nul.

Les empêchements prohibitifs ne le rendent pas nul; mais ce sont des causes pour lesquelles l'Eglise peut refuser de célébrer un mariage.

Les empêchements de mariage sont fondés, les uns sur le droit naturel, d'autres sur le droit civil, d'autres enfin sur les lois ecclésiastiques approuvées par le souverain.

C'est le droit naturel qui a fait mettre au nombre des empêchements de mariage, l'erreur de personne, la violence, l'impuissance et la parenté en ligne directe, ainsi que celle au premier degré en collatérale.

Les empêchements qui procèdent des vœux solennels ou ordres sacrés sont purement ecclésiastiques; de même que celui de parenté au troisième et quatrième degrés, et celui d'affinité spirituelle.

Cependant, les tribunaux s'opposent encore aujourd'hui au mariage des ecclésiastiques, se fondant sur les lois consacrées autrefois par les souverains, et surtout sur l'ordre établi dans l'Eglise romaine, qui ne peut toucher à ses statuts sans renverser tout l'édifice de notre sainte religion.

Louis XIV a consacré l'empêchement entre les catholiques et les calvinistes.

Les empêchements dirimants, tant civils qu'ecclésiastiques, étaient au nombre de dix-huit.

1° Erreur ou surprise par rapport à la personne que l'on a épousée.

2° Erreur sur la condition de la personne.

3° Vœux solennels de chasteté faits dans un ordre religieux.

4° Ordres sacrés de prêtrises, diaconat et sous-diaconat.

5° Parenté en ligne directe ou collatérale jusqu'au quatrième degré.

6° Alliance ou affinité légitime directe ou collatérale.

L'affinité qui naît d'un commerce illégitime ne forme empêchement qu'au second degré.

7° L'affinité spirituelle qui se forme par le baptême entre la personne baptisée et ses parrains et marraines; de même qu'entre le parrain et la mère, entre la marraine et le père de l'enfant, entre la personne qui baptise et celle qui reçoit le baptême.

8° Adoption qui chez les Romains formait un empêchement dirimant.

9° L'empêchement dirimant défendait d'épouser une parente en ligne directe de celle que l'on avait fiancée valablement, ni une parente au premier degré de la ligne collatérale.

10° L'adultère et l'homicide.

11° La diversité de religion lorsqu'elle a précédé le mariage

12° Entre les hérétiques et les catholiques.

13° La violence et la crainte, le mariage ne pouvant être valable si le consentement n'est pas libre.

14° Un premier mariage subsistant.

15° Impuissance perpétuelle soit du mari, soit de la

femme et dont la cause subsistait au temps de la célébration du mariage.

16° Le défaut de puberté de l'un des conjoints.

17° Depuis le concile de Trente et les ordonnances qui en ont adopté les dispositions, un mariage clandestin est nul.

18° Enfin le rapt et la violence, à moins que la victime n'ait depuis donné son consentement au mariage.

Certains empêchements dirimants n'obtiennent jamais de dispenses, ce sont ceux qui sont fondés sur le droit divin ou sur le droit naturel, il y en a d'autres dont on ne dispense jamais avant le mariage et dont on dispense après à l'effet de légitimer le mariage.

Il faut s'adresser au pape pour obtenir dispense des empêchements dirimants qui proviennent de parenté, affinité, honnêteté publique, ou alliance spirituelle.

Nous avons déjà expliqué les causes des empêchements prohibitifs.

Les temps prohibés pour la célébration du mariage religieux sont : depuis le premier dimanche de l'Avant, jusqu'aux Rois, et depuis le jour des Cendres jusqu'au lendemain du dimanche de Quasimodo.

La législation actuelle, en rendant au mariage toute sa gravité et son importance, en donne une définition telle qu'elle convient à notre société et à notre civilisation.

Le mariage, est-il dit, n'est pas seulement une association de deux êtres dans le but de satisfaire les sens et d'amener la procréation; c'est de plus un acte solennel d'amitié, de fidélité, d'assistance et de secours mutuels.

La loi actuelle ne consacre pas toutes les causes d'empêchements dirimants admis par le droit canon. Le seul motif d'opposition au mariage prévu par le Code, est le cas de démence, ou aliénation mentale; encore n'est-ce pas comme infirmité que ce motif agit, c'est uniquement parce que la privation de la liberté et de la raison met l'aliéné dans l'impossibilité de donner un consentement valable, et conséquemment, de remplir la condition la plus importante d'un contrat.

Le mot démence est compris par le législateur comme synonyme d'aliénation mentale, et s'applique à l'imbécilité et à la fureur.

Si la loi n'a prévu, comme opposition au mariage, qu'une maladie, la démence, la délicatesse et l'intérêt bien entendu de l'individu doivent lui conseiller de s'abstenir du mariage, quand il est affligé d'une infirmité qui peut inspirer du dégoût à l'autre époux; de quelque maladie que le mariage exaspère et rend mortelle, ou qu'il peut léguer à sa postérité, ou même que l'autre époux peut gagner par contagion, tels sont : l'épilepsie, la danse de St.-Witt, le somnambulisme, la phthisie, l'asthme, l'anévrisme du cœur, la pierre, les ulcères et affection cancéreuse de la matrice, la syphilis invétérée, les scrophules, les dartres vives et la lèpre.

NULLITÉ DU MARIAGE.

IMPUISSANCE.

D'après le Code actuel, les nullités de mariage se réduisent à deux :

1° Incapacité de l'un des deux époux à donner son consentement ou à contracter ;

2° Impuissance de remplir l'objet certain de la convention. Voici le texte de la loi :

« Le mariage qui a été contracté sans le consentement
» libre des époux, ou de l'un d'eux, ne peut être attaqué
» que par celui des deux dont le consentement n'a pas
» été libre. Lorsqu'il y a erreur dans la personne, le
» mariage ne peut être attaqué que par celui des époux
» qui a été induit en erreur. »

Le manque de liberté peut tenir à plusieurs circonstances : l'ivresse, le narcotisme, l'aliénation mentale.

L'époux doit être guéri pour demander la nullité de son mariage, car lui seul a le droit de faire cette réclamation.

Le manque de liberté peut tenir encore au défaut d'âge ; mais l'article 185 dit que « le mariage contracté par des
» époux qui n'avaient pas encore l'âge requis, ou dont
» l'un d'eux n'avait point encore cet âge, ne peut être
» attaqué :

» 1° Lorsqu'il s'est écoulé six mois depuis que cet
» époux, ou les époux, ont atteint l'âge compétent ;

» Lorsque la femme, qui n'avait pas cet âge, a conçu
» avant l'échéance de six mois. »

Enfin, la demande en nullité pour manque de consentement libre, ou d'erreur de personne, n'est pas recevable lorsqu'il y a une cohabitation continue pendant six mois, depuis que l'époux a acquis sa pleine liberté, ou que l'erreur a été par lui reconnue.

Le silence du Code sur le moyen de remplir l'objet certain de l'engagement, ou sur l'impuissance de remplir cet objet, a forcé de rapporter cette impuissance à un autre chef de nullité, l'erreur de personne.

L'impuissance, une fois admise par ce moyen, comme cause de nullité de mariage, ne manqua pas d'invoquer les tribunaux dans de scandaleux débats.

Merlin s'exprime ainsi en parlant de l'impuissance, après avoir traité de la répudiation et du divorce permis par les lois de Moïse et de Numa :

« En permettant le divorce, dit ce jurisconsulte, ces » deux législateurs donnaient à l'homme et à la femme » le pouvoir de rompre une union dans laquelle l'un ou » l'autre, ou bien tous les deux ensemble, auraient ap- » porté quelqu'impuissance d'accomplir les espérances » qu'ils s'étaient données. Ils pouvaient, en se séparant, » laisser ignorer à la société les motifs de leur sépara- » tion, et la honte de l'impuissance était couverte de » toutes les autres causes naturelles et légales du di- » vorce. Mais sous la loi des Chrétiens, le mariage étant » indissoluble de sa nature, devenait éternel, dès qu'il » s'était accompli; l'homme et la femme ne pouvaient » donc se séparer qu'en prouvant qu'il n'y avait entre » eux qu'un simulacre de mariage, et que la loi et la re- » ligion n'avaient pu éterniser des nœuds que la nature » ne leur avait pas donné le pouvoir de former. Telle est » l'origine de toutes les accusations d'impuissance. Jus- » tinien, qui prescrivit le premier le divorce par les lois » civiles, est aussi le premier empereur qui ait promul- » gué des lois sur l'impuissance. »

La jurisprudence de Justinien ne devint invariable que vers le xe siècle. Les officialités, qui l'adoptèrent, exigeaient d'ailleurs que l'impuissance eût précédé le mariage, et qu'il se fût passé, au moment du procès, un temps suffisant pour déterminer si le mal est perpétuel et incurable, ou passager et accessible aux moyens de l'art médical.

Le droit civil de l'ancienne France adopta ces dispositions du droit canonique. Beaucoup d'arrêts du Parlement ont cassé des mariages pour impuissance indéfinie, jamais pour impuissance accidentelle. Souvent la possibilité de guérir l'impuissance par les secours de la médecine a été attaquée par ces arrêts pour rejeter la demande en nullité. Quand c'était le mari qui était défendeur, il devait nécessairement être admis à prouver ce que la femme niait, non seulement par l'exhibition des pièces inculpées, mais encore par l'action ou fonction de ces pièces. De là le congrès, épreuve honteuse, exécutée d'abord en secret; puis, ses résultats étant douteux avec ce correctif, exécutée avec un élément nouveau, qui, lui aussi, était un puissant motif de nullité, la publicité.

CONGRÈS.

On attribue l'origine du congrès à l'effronterie d'un jeune homme, lequel étant accusé d'impuissance, offrit de faire preuve du contraire, en présence de chirurgiens et de matrones.

L'official, trop facile, ayant déféré à sa demande, cette preuve, toute contraire qu'elle était à la pureté de nos mœurs, devint en usage dans nos officialités, et fut même autorisée par nos arrêts.

Cette épreuve scandaleuse se faisait en présence de chirurgiens et de matrones, nommés par l'official.

Il est à remarquer que les demandes en nullité de mariage étaient toujours provoquées par la femme. Aussi Boileau, dans une de ses satires, démontre-t-il toute l'impudeur attachée à une pareille procédure :

Jamais biche en rut n'a, pour fait d'impuissance,
Traîné, du fond des bois, un cerf à l'audience,
Et jamais juge, entr'eux ordonnant le congrès,
De ce burlesque mot n'a sali ses arrêts.

Les causes célèbres nous fournissent, entre autres, deux exemples de demandes de congrès : l'une contre un homme âgé de 78 ans; l'autre qui donne lieu à proscrire à jamais un si honteux usage.

Le sieur Jallot de Saint-Rémy avait épousé, en 1661, Magdeleine Pigousse; il était alors âgé de 65 ans. Peu de temps après ce mariage, la femme intenta, devant le juge de Coutances, une action en séparation, sous prétexte de mauvais traitements de la part de son mari.

Les parents communs s'entremirent, et il fut convenu que la femme, qui avait quitté la maison conjugale, pourrait y rentrer.

Au lieu de prendre ce parti, elle se pourvut devant l'officialité de Coutances pour prononcer la dissolution de son mariage, sous le prétexte que son mari était impuissant.

Le sieur Jallot soutint que sa femme devait porter sur elle les marques certaines de sa virilité, puisqu'il l'avait déflorée, et demanda, en conséquence, qu'elle fût visitée.

L'official ordonna, au contraire, que ce serait le mari qui subirait la visite; cette sentence ayant été exécutée, le même juge ordonna que les parties en viendraient au congrès.

Le sieur Jallot en interjeta appel comme d'abus. Cet appel allait naturellement au parlement de Rouen, mais les parentés et les alliances le firent évoquer au parlement de Paris.

Après de longs débats, où M. de Lamoignon, fils du premier président de ce nom, prit la parole et fit apprécier la véritable position des parties, arrêt intervint, le 7 juin 1674, conformément aux conclusions de M. l'avocat général, par lequel la cour prononça : « Qu'il avait été mal, nullement et abusivement jugé et ordonné par l'official de Coutances, » renvoya les parties par-devant l'official du même lieu, autre que celui dont est appel, qui sera tenu de rendre sa sentence, sur la demande en dissolution de mariage, dans trois mois du jour de la signification de l'arrêt, pour, ce fait, être prononcé sur la demande en séparation, s'il y échet, ainsi que la cour verra bon être à faire par raison, condamne Magdeleine Pigousse aux dépens de l'appel comme d'abus, le surplus réservé.

Dans cette cause, M. de Lamoignon s'éleva avec force contre cet abus monstrueux du congrès. Dans la cause qui suit, il se détermina enfin à en requérir la proscription.

Le 2 avril 1653, René Cordouan, chevalier, marquis

de Langey, majeur de vingt-cinq ans, épousa demoiselle de Saint-Simon de Courtomer, âgée de treize à quatorze ans.

Les commencements de ce mariage furent heureux et empreints de toutes les marques les plus vives d'un amour réciproque. Cette parfaite intelligence dura quelques années. On a toujours ignoré la véritable cause qui amena, passé cette époque, un changement à de pareilles dispositions.

Quoi qu'il en soit, au retour d'une campagne que fit le marquis dans la Catalogne, pour le service du roi, la marquise accusa son mari d'impuissance, et porta sa plainte au Châtelet, parceque les parties, étant de la religion réformée, ne pouvaient recourir à l'official.

Une expertise, ordonnée par le juge, trouva les époux tels qu'ils devaient être. Mais la demoiselle de St-Simon soutint que si elle paraissait être dans l'état où doit se trouver une femme mariée, c'était l'effet des entreprises brutales d'un impuissant et des efforts d'un amour d'autant plus furieux qu'il était stérile.

Le marquis, pour sauver son honneur, demanda le congrès. Appel de la sentence du juge par la demoiselle de St-Simon, et confirmation de la sentence.

Pour exécuter l'arrêt on choisit la maison d'un nommé Turpin, baigneur. Là toutes les formalités furent observées.

Cinq médecins, cinq chirurgiens et cinq matrones y assistèrent.

Soit que le marquis eût trop présumé de ses forces,

soit que la honte fit dans sa personne ce que fait la faiblesse, il ne réussit pas dans son entreprise.

Il rejeta la cause de ce mauvais succès sur sa femme qui l'avait déconcerté par de mauvais traitements et lui avait inspiré un ressentiment qu'il n'avait pu vaincre. Il allégua même qu'on s'était servi contre lui de maléfices dans un bain qu'on lui avait fait prendre avant l'épreuve; il demanda, en conséquence, une seconde épreuve.

Par arrêt définitif, la Cour, sans s'arrêter à sa demande, déclara son mariage nul, le condamna à rendre la dot et tous les frais depuis la célébration du mariage, compensa les dommages et intérêts avec la nourriture, lui fit défense de contracter aucun mariage, et permit à la demoiselle de Saint-Simon de se marier; l'arrêt est du 8 février 1659.

Le lendemain, le marquis de Langey protesta devant deux notaires, et déclara qu'il contracterait mariage quand il le jugerait à propos.

La demoiselle de Saint-Simon contracta mariage avec Pierre Caumont, marquis de Boësse, dont sont issues trois filles.

En même temps, le marquis se maria avec Diane de Montault de Navailles. Leur mariage fut suivi de la naissance de sept enfants.

En 1670, la marquise de Boësse mourut à Paris, après avoir fait un testament qui portait pour clause que le procès indécis entre elle et le marquis de Langey fut terminé par accommodement; elle voulait que l'on s'entendit à cet effet avec un sieur Caillard, avocat au Parlement, auquel elle avait déclaré ses volontés. Mais ce sieur Caillard mourut en 1673, sans que les vœux de la testatrice fussent accomplis.

Le 3 août 1673, le marquis de Langey et dame Diane de Montault obtinrent permission de faire célébrer leur mariage.

Le 7 septembre, même année, le marquis de Langey prit lettres en forme de requête civile contre l'arrêt définitif de 1659 qui avait prononcé la nullité de son premier mariage. Il fit insérer dans les lettres la clause de restitution contre tous les actes approbatifs qu'il pourrait avoir consentis.

Pendant une plaidoirie de onze audiences, où furent traitées plusieurs difficultés de fait et de droit, les deux principales questions furent de savoir :

1° Si l'état naturel des personnes est sujet aux fins de non-recevoir ;

2° S'il est à propos d'ordonner le congrès dans les questions d'impuissance.

Par arrêt du 18 février 1677, faisant droit sur les conclusions du procureur-général, il fut fait défense à tous juges, même aux officiaux, d'ordonner à l'avenir l'épreuve du congrès, ordonné que l'arrêt serait envoyé aux baillages, sénéchaussées et officialités du ressort pour y être lu, publié et enregistré.

Cependant, le scandale des procès en impuissance ne cessa pas pour cela. La cause véritable était l'indissolubilité du nœud matrimonial, dans une société où la dissolution des mœurs était arrivée à son comble. Aussi ne vit-on jamais de ces procès scandaleux dans les classes moyennes, où la sainteté des nœuds conjugaux a toujours été respectée.

Les époux qui ne pouvaient dissoudre leur mariage ne trouvaient rien de mieux que de soutenir qu'il n'avait jamais existé.

Nos lois n'ayant point stipulé la nullité de l'engagement, dans le cas où l'objet certain, ou le principal de ces objets, ne pourrait être rempli, on est obligé aujourd'hui d'invoquer l'erreur de personnes mentionnées par le Code.

Or, l'erreur de personne peut s'appliquer au cas d'hermaphrodisme, c'est-à-dire au cas où l'un des deux époux est d'un sexe incertain, n'a pas de sexe, ou a un sexe incomplet, mais différent de celui qu'on lui croit officiellement.

Quant à l'impuissance, Tronchet a fort bien dit qu'on n'a pas fait de l'impuissance l'objet d'une action en nullité, parce qu'il n'y a pas de moyens de reconnaître avec certitude l'impuissance. Mais il en peut être autrement si l'impuissance tient à un vice d'organisation. Or, dans ce cas, les tribunaux et les cours ont admis la nullité fondée sur une impuissance manifeste.

Tel est cet arrêt de la cour royale de Trèves, année 1808, 1er juillet, à la suite d'une visite et d'un rapport d'experts, cette cour annula le mariage, attendu que l'état physique et la conformation de la dame.... s'opposaient au but naturel et légal du mariage, que cet empêchement existait avant le mariage, et qu'il n'était pas possible d'y remédier.

Merlin et deux autres jurisconsultes célèbres s'accordent à dire que, si l'impuissance est manifeste et que son antériorité au mariage ne peut être révoquée en doute, la nullité du mariage basée sur cette impuissance est dans le véritable esprit du code.

Les cas d'impuissance pour la femme, puisque nous n'avons à nous occuper que de ce qui lui est particulier, sont :

1° Absence de l'utérus.

2° Oblitération du vagin.

3° Absence complète du vagin.

4° Communication du rectum avec le vagin.

5° La chute du l'utérus complète ou incomplète, le renversement, la hernie ou la chute du vagin irréductible.

6° Le cancer de l'utérus.

7° L'hermaphrodisme, c'est-à-dire, l'apparence extérieure des deux sexes, qui pourtant ne peut pas toujours impliquer l'impuissance d'une manière absolue ; mais plutôt constituer une erreur de personne.

Dans l'énumération de toutes ces lois et coutumes qui ont régi ou régissent notre société, nous avons vu que, à mesure que la civilisation et l'instruction augmentaient et pénétraient dans les masses, les mœurs et coutumes s'amélioraient. Ainsi l'on ne permettrait plus aujourd'hui l'infâme épreuve du congrès, nos mœurs actuelles répugneraient à l'admission d'un tel témoignage; tant il est vrai que la corruption qui a amené nos catastrophes civiles a, par ses propres excès, forcé les hommes à rechercher leur sécurité dans la pratique de la morale.

CÉLIBAT DE LA FEMME EUROPÉENNE.

VESTALES.

Les peuples les plus anciens ont attaché une certaine vénération à l'état célibataire, lorsqu'il avait pour but de se consacrer au service de la religion.

L'obligation du célibat était imposé chez les Perses aux filles destinées au service du soleil.

Les Athéniens ont eu une maison de vierges.

Tout le monde connait les vestales romaines et les priviléges immenses dont elles jouissaient.

L'ordre des vestales institué par Numa survécut à toutes les institutions romaines, tant était grande la vénération qu'inspiraient ces filles consacrées au service de la divinité.

Les vestales dont le service consistait à entretenir le feu sacré sur l'autel de Vesta, et à garder le Palladium, ne furent d'abord, d'après la première institution de Numa, qu'au nombre de quatre.

Servius Tullius en ajouta deux, ce nombre resta invariable pendant toute la durée de l'institution.

Les vestales ne pouvaient être choisies au-dessous de l'âge de six ans, ni au-dessus de dix ans. Leurs fonctions duraient trente ans, après lesquelles elles étaient remplacées et pouvaient se marier ; mais pendant tout le temps de leurs fonctions elles étaient tenues à une continence la plus sévère.

Le supplice d'une vestale qui violait ses engagements consistait à être enterrée vive.

Les vestales, comme en dédommagement de leur continence, vivaient dans le luxe et la molesse et jouissaient de la plus grande liberté.

Une vestale fût violée, en rentrant le soir dans sa maison, par de jeunes libertins : on prit de là occasion de les faire précéder d'un licteur.

Leur habillement n'avait rien de triste; elles portaient une espèce de turban qui ne descendait pas plus bas que l'oreille et leur découvrait le visage. Elles y attachaient des rubans que quelques-unes nouaient par dessous la gorge. Elles avaient sur leur habit un rochet de toile fine et d'une blancheur extrême, puis, par dessus une mante de pourpre, ample et longue qui, ne portant que sur une épaule, leur laissait un bras libre, retroussé fort haut.

Les vestales jouissaient de tous les droits et priviléges de la mère de famille, qui, comme on sait, n'appartenaient à Rome qu'à celles qui étaient mères de plusieurs enfants.

Ainsi, quoique jeunes, les vestales pouvaient tester, recueillir des legs, et par conséquent acquérir des fortunes considérables, aussi leur luxe était extrême.

Si une vestale se trouvait sur le chemin d'un coupable conduit au supplice, la seule vue de la vestale était la grâce du coupable.

Aucune d'elles ne montait au Capitole qu'en litière et avec un nombreux cortége de femmes et d'esclaves.

Si les Consuls et les Préteurs se trouvaient sur leur chemin, ils étaient obligés de prendre une autre route, ou si l'embarras était tel qu'ils ne pussent éviter leur rencontre, ils faisaient baisser leurs haches et leurs faisceaux.

Théodose, en confisquant, à son profit et à celui de l'Église, tous les biens des vestales, détruisit entièrement cet ordre, et on vit ces prêteresse traîner encore dans l'indigence et la douleur les débris de leur considération. L'ordre s'en était établi dès la fondation de Rome, l'accroissement de ses honneurs avait suivi le progrès de la puissance romaine, il s'était maintenu longtemps avec dignité. Sa chute même eut qmelque chose d'illustre, elle fut le prélude de la ruine et de la dispersion de la plus célébre nation du monde, comme si les destinées eussent réglé le cours de l'un par la durée de l'autre, et que le feu sacré de Vesta eût dû être regardé comme l'âme de l'Empire romain.

Chez nos anciens Gaulois, neuf vierges, qui passaient pour avoir reçu du ciel des lumières et des grâces extraordinaires, gardaient un oracle fameux dans une petite île nommé Séné, sur les côtes de l'Armorique; il y a même des auteurs qui prétendent que l'île entière n'était peuplée que par des filles dont quelques-unes faisaient de temps en temps des voyages sur les côtes voisines d'où elles rapportaient de petits embryons pour conserver l'espèce. Toutes n'y allaient pas; il est à présumer, dit M. Morin, que le sort en décidait, et que celles qui avaient le malheur de tirer un billet noir, étaient forcées de descendre dans la barque fatale qui les exposait sur le continent.

Ces filles consacrées étaient en grande vénération, leur ordre avait des priviléges singuliers parmi lesquels on peut compter celui de ne pouvoir être châtiées pour un crime avant d'avoir préalablement perdu la qualité de fille.

Le célibat a eu ses martyrs chez les Payens, et leurs histoires sont pleines de filles qui ont généreusement préféré la mort à la perte de leur honneur.

Les Grecs regardaient la chasteté comme une grâce surnaturelle. Les sacrifices n'étaient point complets, sans l'intervention d'une vierge.

RELIGIEUSES

ORIGINE.

Les Pères de l'Eglise parlent de quatre états de filles vierges. Celles de la première espèce, sans faire de vœux publics, consacraient à Dieu leur virginité, dans le secret du cœur. Elles ne cessaient point, pour cela, de demeurer dans le sein de leur famille, et elles n'étaient distinguées des autres filles que par leur modestie, soit dans leurs habits, soit dans leur maintien et la pratique des vertus chrétiennes. Il n'y avait point alors de maisons pour les recevoir.

C'est seulement vers le milieu du troisième siècle que quelques vierges, pour se distinguer des filles du monde, adoptèrent un costume particulier, sans cesser pour cela de demeurer avec leurs parents, et cela se pratiqua à l'égard de ces vierges qui forment la seconde catégorie mentionnée par les Pères de l'Eglise, jusqu'au cinquième siècle.

A cette époque, des vierges que l'on peut classer dans la troisième catégorie, commencèrent à prononcer des vœux publics de virginité. Elles recevaient le voile de la main de leur évêque, ce qui se faisait avec une grande pompe. Ces vierges demeuraient dans le monde ou chez leurs parents, ou dans quelques maisons particulières qu'elles choisissaient pour y vivre dans une plus grande retraite.

Enfin, dès le quatrième siècle, il y eut en Orient des vierges qui se retirèrent dans des monastères pour y vivre sous la conduite d'une supérieure.

Mais cet usage s'établit tard en Occident, et surtout en France, où le plus ancien couvent de filles qu'on connaisse est celui que fonda Saint-Eloi en 632 à Paris, dans une *belle maison* que lui avait donnée *Dagobert*, et où il assembla plusieurs religieuses, sous la conduite de Ste-Aure.

Dans le principe, les filles qui avaient fait vœu de virginité n'étaient point tenues de s'enfermer dans des monastères. Ce ne fut que plus tard que l'Eglise ordonna que les filles, qui se consacraient à Dieu, devaient se retirer dans le cloître.

Dans le commencement de l'établissement du christianisme, il est aisé de voir que la ferveur seule dut servir de mobile aux personnes du sexe qui se vouèrent au célibat; plus tard, la politique consacra au voile les jeunes filles de famille dont la dot aurait pu déranger la fortune patrimoniale en la divisant. C'est par la même raison que les cadets furent voués aux armes ou aux différents ordres de chevalerie, pour laisser à l'aîné la libre jouissance des biens patrimoniaux. Pour consacrer de pareilles dispositions, on eut soin de rendre ces vœux éternels; de là les abus et les désordres dont le scandale pénétra hors de l'enceinte des cloîtres.

La révolution de 89, en s'emparant des biens de l'Eglise, dut rendre à la liberté toutes ces nombreuses recloses dont quelques-unes subissaient leur sort dans la résignation et la prière ; mais dont beaucoup d'autres auraient pu être comparées aux veuves des sultans renfermées dans le vieux sérail de Bajazet.

Nos mœurs actuelles, notre civilisation nouvelle avec toutes ses immunités et ses largesses, n'admet plus cette espèce d'esclavage. Les vœux se prononcent bénévolement et seulement pour cinq années. La loi n'admet plus de vœux perpétuels, qui pourraient devenir contraires à la morale et à la liberté individuelle.

Si notre civilisation ne permet plus les vœux forcés en France, on peut dire, avec un certain orgueil, que toutes les institutions religieuses répandues sur notre sol ont, non-seulement leur utilité et leur but moral, mais que toutes ces institutions tendent de plus en plus à sauvegarder notre société, en faisant respecter une religion dont elles font admirer les bienfaits et la prévoyance.

Qui ne tombera dans l'admiration en voyant, dans nos hôpitaux, le dévouement sublime de ces saintes filles de Saint-Vincent-de-Paul !.... Quelle institution profane pourrait remplacer le dévouement sans borne de ces femmes dont la charité ne peut être comparée qu'à leur amour profond pour le maître divin au service duquel elles ont voué leur sainte existence ?....

Maintenant je n'entreprendrai point de discuter sur l'opportunité ou l'inopportunité du célibat imposé comme règle dans ces saintes institutions de femmes. Une pareille question ne peut-être mise sur le tapis que par des sophistes à petite vue, et incapable de comprendre, ni le rôle sacré de la mère de famille, ni celui aussi saint de ces femmes consacrées au service divin et au culte sublime d'une charité sans borne.

Nous sommes loin des temps où l'abbé de Saint-Pierre écrivait sur cette question, et nous sommes bien sûr qu'aujourd'hui ce savant philosophe admettrait notre façon de voir.

L'une et l'autre position impose des devoirs dont l'accomplissement remplit toute une vie de dévouement et d'abnégation. La mère de famille se doit toute à ses enfants, de même qu'une religieuse n'a d'autre famille que les malheureux qu'elle soulage; la femme dans l'une et l'autre de ces positions doit être l'objet de notre admiration et de notre culte.

PROGRESSION DANS LA VIE.

PUBERTÉ.

Contrairement à ce qu'ont avancé beaucoup d'auteurs, nous disons que les enfants de l'un et de l'autre sexe diffèrent autant par leurs goûts que par leur extérieur sexuel.

En effet, dès l'âge le plus tendre, nous voyons la petite fille préluder par ses jeux au rôle sacré départi à la femme : elle joue à la mère, sa grande occupation est d'habiller ses poupées : tous ses actes sont empreints de modestie et de timidité, sa petite personne respire déjà la grâce et la pudeur qui, plus tard, doivent lui servir d'armes si puissantes.

La petite fille est plus délicate, plus faible que le petit garçon, ses cheveux sont plus déliés, ses muscles plus faibles, son teint est plus blanc. Bien jeune encore la petite fille est déjà coquette : et si elle coiffe et décoiffe ses poupées, on la voit aussi s'occuper de sa parure.

Plus tendre, plus affectueuse que ses frères, la petite fille a déjà dans l'esprit plus de finesse, une pénétration plus vive, et plus de sensibilité.

Plus précoce, mais douée de plus de gentillesse et de docilité, elle paraît aussi plus jalouse d'être aimée.

Le caractère de la jeune fille devient plus réservé à mesure qu'elle grandit : elle devient aussi plus modeste, et déjà l'on voit son jeune front se couvrir du rouge de la pudeur à la moindre impression.

Heureux âge, où l'innocence n'a point encore à rougir des combats instinctifs!.... où les organes sont encore muets.

Bientôt la jeune fille arrive, brillante et parée de tout l'éclat de la santé, à l'époque de la puberté qui va lui ouvrir le chemin d'une vie nouvelle, toute parsemée d'espérances et d'illusions.

D'après le critique sacré, l'âge de puberté était chez les Juifs, et est encore, dans tout l'Orient, l'âge du mariage. La puberté, pour les filles, commençait chez les Hébreux à douze ans et demi. Alors aussi elles étaient majeures, maîtresses de leur conduite, et pouvaient disposer d'elles sans le consentement de leurs parents. Aussi les mariait-on fort jeunes, usage qui servit à multiplier prodigieusement la nation juive.

L'âge de puberté pour les jeunes filles était fixé, chez les Romains, à douze ou quatorze ans, alors on leur ôtait la bulle, espèce de petit cœur ou boule d'or qui pendait du cou sur la poitrine; mais elles conservaient toujours la robe de l'enfance jusqu'à ce qu'on les mariât.

Dans toute l'espèce humaine, les femmes arrivent à la puberté plutôt que les hommes; mais chez les différents peuples la puberté dépend en partie de la température du climat et de la qualité des aliments.

Dans le midi de l'Europe et dans les villes, les filles sont pubères à douze ans et souvent beaucoup avant cette époque

En général, les femmes sont plus précoces dans les pays chauds, et elles sont ordinairement nubiles de neuf à onze ans. Malgré cela il n'est pas rare de voir la menstruation s'établir, même dans nos contrées, de dix à onze ans. On cite des cas de menstruations précoces de deux ans, de quatre ans et de six ans, avec coïncidence de développement des mamelles. On cite l'observation d'une enfant réglée à deux ans et devenue mère à quatre ans. Nous avons vu une jeune fille, dans le département de Seine-et-Oise, accoucher à onze ans et demi d'un enfant à terme, elle n'avait jamais été menstruée, lorsque par un commerce infâme elle devint mère.

Dans les pays du nord, le développement de la puberté est plus tardif. Ce n'est guère avant quinze, seize, dix-huit et vingt ans que la menstruation s'y établit; c'est, du reste, beaucoup à la constitution individuelle qu'il faut s'en prendre de ces retards. En général, les personnes d'un tempérament sanguin et nerveux sont bien plus tôt réglées que celles d'un tempérament lymphatique, scrophuleux et détérioré par les maladies.

Les cas de menstruations tardives sont assez fréquents,

on a vu des femme-asrriver à la soixante-dixième année sans avoir présenté aucune irrégularité dans la menstruation.

Le changement opéré dans le moral des filles à l'époque de la puberté, n'est ainsi que le contre-coup de celui qui s'opère dans la constitution physique. Les facultés vitales, toutes employées à l'accroissement chez l'enfant, changent alors de direction. Les efforts de la vie se concentrent en quelque sorte sur les organes sexuels. Dès lors, la jeune fille devenue femme entre dans une nouvelle carrière, et est assujétie à de nouvelles fonctions.

Un pareil changement ne peut s'opérer sans faire éprouver à toute l'économie un ébranlement considérable, car les organes sexuels de la femme ont une trop grande influence sur tout son être, pour que leurs fonctions s'établissent ainsi sans secousses; de là viennent ces fréquentes aberrations de l'esprit, ces singularités de caractère chez la jeune fille qui atteint cette époque orageuse.

Souvent les fonctions nutritives ont à souffrir de ce commencement de vitalité des organes de la reproduction, et l'on voit la jeune fille devenir chlorotique.

Il est rare que le système nerveux n'ait pas à souffrir de ces nouvelles fonctions, et assez souvent apparaissent certaines dépravations de l'estomac qui tiennent à une névrose de cet organe.

Les jeunes filles créoles, les négresses mal réglées sont souvent passionnées pour manger une terre argileuse dont l'usage les conduit au marasme et à la mort. L'on voit également dans nos contrées presque toutes les jeunes filles à cette époque critique se passionner pour des substances plus ou moins indigestes, comme le sel, le vinaigre, etc...

Ce grand changement dans l'économie de la jeune fille peut cependant s'effectuer sans difficulté, et pour ainsi dire à son insu. L'on voit alors une transformation rapide s'opérer dans tout son être; un trouble confus circule dans tout son corps qui est en but à une sorte d'effervescence. Les mamelles se gonflent, le pubis s'ombrage de poils, les parties sexuelles prennent un nouvel accroissement; quelquefois il y règne un état de prurit ou d'orgasme, le timbre de la voix devient plus harmonieux, les sens se perfectionnent, les membres s'arrondissent en contours gracieux, par une plus grande expansion du tissu cellulaire, la physionomie s'anime et brille d'un nouvel éclat : la femme apparaît alors dans toute sa beauté.

A cette époque de la vie de la femme, l'imagination acquiert une prédominance qui peut devenir fatale, si elle est privée d'une bonne direction. Ce temps est pour elle celui des enchantements et des illusions; mais hélas !... que de déceptions doivent survenir à la suite de tous ces rêves !...

Que de combats la vertu, la pudeur n'ont-elles pas à subir dans cette âme naïve et sans expérience. Tout effraie la jeune fille; la moindre parole lui fait craindre une inconséquence, comme si elle avait peur de laisser percer au-dehors le trouble et l'anxiété qu'elle ressent intérieurement. Tantôt rêveuse et sans idées fixes, on la voit souvent sans causes appréciables, passer de la mélancolie la plus profonde à la plus grande gaîté.

Les passions jusqu'alors si calmes vont devenir maintenant impétueuses, et leur violence menacera souvent la plus solide vertu; car, de tendres inquiétudes se font sentir qui ne sont que la voie tyrannique de la volupté; dès lors la jeune fille ressent le désir d'aimer et d'être aimée. Aussi, vous la voyez se livrer avec une sorte de fureur à la lecture des romans, se mettant à la place de toutes les héroïnes des drames qu'elle parcourt avec tant d'avidité, mais aussi, à cet âge, le cœur est encore si naïf..., on aimerait avec tant de franchise et de bonne foi!... heureux, si ces rêves de constance et d'innocence n'amènent point alors quelques déceptions cruelles!...

Rien ne fomente les passions comme l'oisiveté et surtout la solitude.

Il n'est pas rare de voir à cet âge les jeunes filles s'adonner à une dévotion exagérée : cette dévotion tendre, ces illusions mystiques de l'amour divin, dénotent souvent toutes les souffrances d'un cœur ardent et impétueux.

Souvent alors, aussi, l'imagination exaltée de la jeune fille lui représente l'objet futur de son affection sous les dehors les plus séduisants, et lorsqu'elle croit avoir rencontré cet être divin, sa pudeur la contraint à renfermer dans le plus profond de son cœur, les sentiments qui l'agitent et la bouleversent. Celui-là même que son cœur préfère, est souvent celui qui paraît être l'objet de son dédain. De là ces efforts continuels de dissimulation, que notre civilisation commande, et que la pudeur exigerait, quand bien même les lois religieuses et civiles n'auraient pas opposé leurs barrières.

Quelle fille, en effet, se dégraderait au point de s'abandonner sur le champ au premier venu?... cette pudeur ne se retrouva-t-elle pas chez les peuples les plus sauvages?.., et lorsqu'à la nuit, le jeune Illinois se présente à la hutte de celle qui est l'objet de ses affections, n'éprouve-t-il pas souvent un refus?... Les femelles des animaux manifestent bien souvent des répugnances et des choix. La pudeur est donc un sentiment inné chez la femme, et ce sentiment est lui-même une garantie de plus pour la reproduction de l'espèce, car une trop grande libéralité chez la femme amènerait promptement chez l'homme la satiété et le dégoût. C'est ce qui existe, du reste, dans tous les pays polygames où les jouissances naturelles sont remplacées par les obscénités et les débauches de tout genre, à peine capables de réveiller les sens flétris des êtres dégradés qui s'y livrent.

En Egypte, comme dans tout l'Orient où les femmes doivent se voiler la figure sous peine de passer pour impudiques, celles des pauvres fellahs, si mal vêtues, préfèrent, à l'approche des étrangers, lever leurs jupes, et s'en couvrir le visage plutôt que de cacher les parties sexuelles.

D'un autre côté, les femmes sauvages qui vivent dans l'état le plus complet de nudité, ont soin de se couvrir les parties naturelles d'un pagne, et c'est au point qu'on a longtemps prétendu que ces femmes n'étaient point menstruées, tant elles ont soin de dérober à tous regards cette infirmité. La pudeur, comme on le voit, se traduit sous des formes bien différentes.

Les femelles des singes, elles aussi, paraissent honteuses quand on examine trop curieusement leurs parties sexuelles, elles soufflettent même vivement quiconque y porte la main.

Qui ne connaît l'histoire des filles de Millet?... dont on fit cesser la monomanie du suicide en les menaçant de traîner nu sur la claie le corps de celles qui auraient recours à la mort volontaire, car elles craignaient plus la honte que la mort.

La nature qui a caché au-dedans de la femme ses charmes les plus secrets, semble l'engager également à dissimuler ses désirs, et la modestie de ce sexe ne contribue pas peu à exciter nos passions, en nous faisant convoiter avec ardeur ce qu'il voile à nos regards. La vertu de la femme a toujours besoin d'un semblant de violence qui paraisse la faire céder plutôt à la force qu'à ses propres penchants.

La jeune fille, comme on vient de le voir, est donc dans un état continuel de contrainte et de souffrances morales, surtout lorsque, douée d'une organisation forte, la nature vient à s'exprimer avec trop d'ardeur.

C'est le bon temps, disait Sainte-Thérèse, où j'étais si malheureuse!.

DE L'AMOUR.

On arrive naturellement à se demander d'où peuvent provenir ces changements dans la nature de la femme, et où peut être le siége de ces nouvelles sensations, de ces nouveaux sentiments qui constituent ce que l'on nomme l'amour.

Les physiologistes n'ont guère pu s'entendre jusqu'à ce jour sur le siége d'un sentiment qui n'existe cependant qu'à certaines conditions essentielles. En effet, a-t-on jamais vu un castrat, lorsque cette opération avait été subie avant l'âge de puberté, devenir amoureux et être tourmenté soit de l'amour platonique, soit de l'amour physique.?.... et cette question une fois résolue, pourquoi aller chercher le siége de cette sensation dans des organes étrangers.

L'amour a son siége unique dans les organes génitaux, et c'est là que les nerfs puisent la sensation qu'ils rapportent au cerveau, et c'est tellement vrai que l'amour n'existe ni avant le développement des organes génitaux, ni lorsqu'ils sont flétris par l'âge, ni chez les castrats qui ont été opérés dans l'enfance.

L'amour n'implique pas toujours le besoin de la procréation, et chez la jeune fille, il constitue le plus souvent un sentiment purement métaphysique dont les idées charnelles sont entièrement exclues; mais que l'objet aimé soit doué de qualités vraies ou fausses, que la passion soit la plus épurée, il n'en est pas moins vrai qu'aimer est devenu un besoin, et le sentiment qui unit un sexe à un autre sexe tient sans doute à des nœuds invisibles, mais assurément invincibles.

Que l'amour soit ou non partagé, la personne qui en est atteinte fait de l'objet de ses prédilections un Dieu, elle n'entend, ne respire que pour celle qui a frappé son imagination, toutes ses actions tendent à lui être agréable; rien ne lui coûtera pour se procurer le bonheur de la voir, ou de jouir de sa présence. Les défauts même de l'objet aimé sont devenus des qualités, ce qui a fait représenter l'amour avec un bandeau sur les yeux.

Le sentiment de l'amour porté à ce point est exempt de toute idée charnelle, et l'homme doué du tempérament le plus ardent croirait dégrader l'objet de ses amours, s'il lui supposait d'autres idées que le sentiment céleste qui le captive.

Cependant cet amour, qui cause tant de jouissances indicibles, a toujours pour but final la reproduction, et lors même que la chute n'aura pas été calculée, il est certain qu'elle arrivera inévitablement : car une jouissance en amène une autre ; la licence la plus innocente est un acheminement à une autre plus grande ; le baiser pur de la veille ne suffit plus le lendemain, la passion sans cesse s'agrandit jusqu'au triomphe complet des sens. Alors aussi arrivés à ce dégré de surexcitation, les organes sous l'influence d'une passion violente ne peuvent plus se rassasier de volupté, et lorsque la personne dominée par un pareil sentiment est retenue dans les liens du devoir, il arrive que les organes se trouvent excités jusque dans les bras de celui à qui sont consacrés ces liens devenus un fardeau.

L'amour peut se communiquer par tous les sens. La vue d'une personne d'un sexe différent, si cette personne réunit quelques qualités séduisantes, suffit pour que l'amour se glisse dans le cœur et vienne y exciter un sentiment nouveau, la vue seule d'une peinture suffit souvent pour exciter les sens. La douceur, la fraîcheur d'une voix mélodieuse peuvent exciter l'imagination, aussi les bals, les spectacles sont les lieux où les sens peuvent éprouver les impressions les plus vives. La lecture des romans, le récit d'aventures galantes, sont des pièges où le cœur se laisse facilement prendre. Le contact de la peau, les mains promenées sur certaines parties, même éloignées des organes génitaux, peuvent produire le trouble des sens. Il n'est pas jusqu'au souffle qui ne produise quelquefois une impression magnétique qui se communique jusqu'aux organes de la reproduction.

Chez la jeune fille, l'amour se manifeste d'abord par un sentiment vague qui la fait rêver, en lui produisant une agitation intérieure dont elle ne peut se rendre compte, il lui semble seulement qu'il lui manque quelque chose. L'approche d'une personne d'un sexe différent lui occasionne un embarras qui la fait rougir : Ce trouble, cet embarras vont toujours croissant, et ils se transforment bien souvent en désirs vagues, en pensées voluptueuses, que l'éducation et la morale dont elle est imbue répriment.

L'amour rend le cœur moins farouche, moins sec. Le caractère devient plus liànt, plus complaisant; car on s'accoutume à plier sa volonté au gré de la personne chérie.

L'amour est un sentiment exclusif qui anéantit tellement les autres, qu'il exige naturellement un retour semblable de la part de son objet, de là naît la jalousie.

L'amour est une passion si nécessaire au genre humain que sans elle il retomberait dans le néant. L'accord de l'amour et de l'innocence semble être le paradis sur la terre : C'ést le bonheur le plus doux et l'état le plus délicieux de la vie, nulle crainte, nulle honte ne troublent la félicité des amants qui jouissent de ce bonheur céleste : Au sein des vrais plaisirs de l'amour ils peuvent parler de la vertu sans rougir.

L'amour sensuel ne peut se passer de la possession et

s'éteint avec elle; mais le véritable amour ne peut se passer du cœur et dure autant que les rapports qui l'ont fait naître.

L'amour, dit Rousseau, est-il un crime?..... N'est-il pas au contraire, le plus doux, ainsi que le plus pur des penchants de la nature?..... N'a-t-il pas une fin bonne et louable?...... Ne dédaigne-t-il pas les âmes basses et rampantes?.... N'aime-t-il pas au contraire les âmes grandes et fortes?..... N'ennoblit-il pas tous les sentiments?..... N'élève-t-il pas les âmes au-dessus d'elles-mêmes?..... Ah!... si pour être honnête et sage, il faut être inaccessible à ses traits, que reste-t-il pour la vertu sur la terre?.... Le rebut de la nature et les plus vils des mortels.

Le véritable amour, dit encore Rousseau, est le plus chaste de tous les liens. C'est lui et son feu divin qui sait épurer nos penchants naturels, en les concentrant dans un seul objet. Pour une femme ordinaire un homme est toujours un homme: mais pour celle dont le cœur aime, il n'y a point d'homme que son amant, que dis-je, un amant n'est-il qu'un homme?..... Ah!... qu'il est un être bien plus sublime!..... Il n'y a point d'homme pour celle qui aime, son amant est plus, tous les autres sont moins: elle et lui sont les seuls de leur espèce, ils ne désirent pas, ils aiment; le cœur ne suit point les sens, il les guide, il couvre leurs égarements d'un voile délicieux.

Le véritable amour, toujours modeste, n'arrache point les faveurs avec audace, il les dérobe avec timidité, le doux mystère, le silence voluptueux, la honte craintive, aiguisent et cachent ses doux transports, sa flamme honore et purifie toutes les caresses : la décence et l'honnêteté l'accompagnent au sein de la volupté même, et lui seul sait tout accorder aux désirs, sans rien ôter à la pudeur.

La débauche des sens est à l'amour ce que l'excès du vin est à la raison. (*Rousseau.*)

L'amour est l'aimant de l'humanité. Le nom de la personne aimée est comme le mot d'ordre du cœur; partout où on le prononce, il s'émeut, il s'arrête, il se plaît et il le répète en secret. (*Rousseau.*)

DEUXIÈME PARTIE.

ORGANES GÉTITAUX DE LA FEMME.

Nous avons déjà vu dans la première partie que la femme ne diffère pas seulement de l'homme par ses organes sexuels, mais encore que certaines parties du corps, qui paraissent lesplus étrangères au sexe, offrent des différences marquées.

Ainsi, la femme a en général une stature moins élevée que celle de l'homme; sa taille est svelte et élancée, ses cheveux longs et fins, flexibles comme ses fibres; sa peau est blanche, sa chair tendre est pénétrée par une grande quantité de tissu graisseux; ses formes sont arrondies, le contour de ses membres gracieux; ses hanches sont larges, ses cuisses grosses et ses extrémités petites.

Chez la femme, comme nous l'avons déjà dit, le corps monte en pointe, les hanches étant plus larges et la poitrine plus étroite que chez l'homme.

Les organes génitaux de la femme peuvent être distribués en trois groupes distincts : 1° Organes accessoires ; 2° Organes externes ; 3° Organes internes.

Le premier groupe constitue les mamelles.

Le second renferme le pénil ou mont de Vénus, la vulve proprement dite. Les grandes lèvres, les petites lèvres ou nymphes. Le clitoris, le vestibule, le méat urinaire, l'hymen, les caroncules myrtiformes, la fosse naviculaire et la fourchette; quelques anatomistes désignent tout ce groupe sous le nom de vulve.

Le troisième groupe renferme le vagin, la matrice, les trompes de fallope et les ovaires.

Nous commencerons par décrire chacun des organes, pour ensuite en étudier le jeu physiologique.

MAMELLES.

Les mamelles, qui constituent le premier groupe de l'appareil génital, établissent entre la mère et l'enfant un rapport dont la durée embrasse la première période de la vie extra utérine.

Depuis la naissance jusqu'à la puberté, les mamelles restent dans un état en quelque sorte stationnaire et ne présentent alors chez les deux sexes aucune différence bien appréciable; mais à l'apparition des règles, elles prennent un volume plus ou moins considérable.

La plupart des animaux ont les mamelles situées sur le ventre; chez la femme, au contraire, elles sont placées sur la poitrine.

La position extérieure et élevée des mamelles chez la femme était, dit Rousselle, la plus convenable à un nourrisson qui, ne pouvant plus puiser sa subsistance au dedans de la mère, ni la prendre de lui-même au dehors, était porté vers elle. Position admirable, qui en tenant l'enfant sous les yeux de sa mère, établit entre eux un échange intéressant de tendresse, de soins, de caresses innocentes, qui met l'un à portée d'exprimer mieux ses besoins et l'autre de jouir de ses propres sacrifices en contemplant continuellement l'objet.

La vue de cet organe, sa configuration, produisent sur l'homme une vive sensation de jouissances voluptueuses, alors qu'il offre la blancheur et la finesse désirées.

La peau qui recouvre les mamelles est douce au toucher, et blanche, excepté au sommet de l'hémisphère, ou existe une aréole circulaire, rouge chez quelques-unes, obscure chez d'autres, et sur laquelle se dessinent de petits tubercules semblables à des verrues accumulées sans ordre et sans nombre. Ces tubercules sont percés à leur pointe et remplis de glandes sébacées qui séparent une espèce de cire propre à défendre l'aréole lors de la lactation. Du milieu de cette aréole s'élève une éminence appelée mamelon; c'est une espèce de couleur rouge ou brune suivant les différentes personnes. Sa forme est cylindrique, elle est couverte d'une peau tendre mais crevassée, peu saillante et même chez quelques femmes entièrement effacée à l'état de calme, cette papille au contraire s'allonge, se durcit quand elle est irritée, au point qu'elle semble entrer en érection.

Il est à remarquer que le système capillaire qui se distribue à la mamelle est comme celui du visage, susceptible d'être influencé par les passions; il semble que la pudeur, expression détournée des désirs, provoque l'afflux du sang dans les joues et dans les mamelles, et donne naissance à cette aimable rougeur qui ajoute encore aux charmes de l'innocence.

La base des mamelles n'est pas parfaitement circulaire, elle est plutôt elliptique, elle se prolonge plutôt en haut et en dehors, où elle s'étend quelquefois jusqu'à la région axillaire, mais elle est plus arrondie en bas et en-dedans. Elle est étendue de la troisième à la septième côte, et couvre la plus grande portée du muscle grand pectoral.

La plus grande partie de l'organe est formée par de petits grains rougeâtres, très reconnaissables chez les femmes qui nourrissent. Ces petits grains paraissent formés par de petites vésicules obliques, creusées et disposées en rayons et qui seraient unies entre elles par du tissu cellulaire et des vaisseaux, ils manquent dans l'endroit qu'occupe l'aréole, où l'on ne rencontre qu'une substance fibreuse, qui constitue des canaux réunis par du tissu muqueux. Ces canaux sont les extrémités de conduits galactophores qui y prennent naissance et qui, après s'être réunis et avoir acquis un certain volume, vont se terminer par des dilatations à formes coniques au centre de la mamelle; ils sont placés alors derrière l'aréole.

Aucune glande ne présente dans l'économie des conduits excréteurs aussi amples. Leur volume varie nécessairement, mais en général, les troncs qui succèdent aux branches d'origine et aux branches d'anastomose sont remarquables par leur grosseur. Quelquefois il arrive que les dilatations ont deux à trois lignes de largeur; mais toujours elles sont courtes, serrées les unes contre les autres près de leur extrémité interne, et au contraire un peu écartées à leur extrémité externe. La première se termine tout à coup en un petit canal qui parvient en droite ligne jusqu'au sommet du mamelon en parcourant le milieu de sa longueur. Ce canal se rétrécit peu à peu et s'ouvre enfin à la surface du mamelon par un très petit orifice. Tous ces canaux sont, comme nous l'avons déjà dit, intimement unis par du tissu cellulaire, et il n'en sort qu'un seul de chaque dilatation.

Quant au conduit galactophore tout entier, c'est-à-dire à la masse qui résulte de la portion afférente de la dilatation et du canal éducteur, il est formé par une membrane molle, mince, transparente, et qui a beaucoup d'analogie avec les membranes muqueuses.

Ces conduits ne sont pas visibles à l'extérieur, au moins dans la plus grande partie de leur trajet. C'est à une assez grande profondeur et dans la substance même de la glande que l'on rencontre les principaux troncs. Ils sont formés par la réunion successive des branches et des rameaux qui vont en diminuant sous le rapport du calibre, et qui ne communiquent point entre eux par des branches anastomotiques

Malgré ce qu'ont pu dire certains écrivains, et Huck en particulier, l'injection poussée dans un conduit galactophore ne reflue en général jamais dans un autre.

Quelques observateurs avaient avancé que les conduits lactifères étaient garnis de valvules ; c'est une erreur, comme on peut s'en convaincre même par l'injection du mercure dans un conduit galactophore. On voit, en effet, alors le métal revenir par un autre, mais toujours de manière à ce que la communication ait lieu entre les ramifications les plus déliées des conduits. On arrive à un résultat analogue en injectant les différents conduits de substances diversement colorées

Le nombre des conduits varie dans les seins d'une même personne, suivant qu'on l'examine pendant ou hors le temps de la gestation. Haller, Walter et la plupart des anatomistes de nos jours croient qu'il y a de quinze à vingt conduits, que ce nombre ne dépasse jamais vingt-quatre. Les anciens anatomistes n'en admettaient que six.

On trouve, indépendamment des orifices de ces gros conduits au sommet du mamelon, d'autres orifices dans l'aréole ; ils occupent en général les extrémités des tubercules disséminés d'une manière irrégulière et qui se réunissent quelquefois deux ou trois dans un seul.

Ces tubercules ont été considérés par quelques anatomistes comme des glandes sébacées. D'autres écrivains, à la tête desquels il faut mettre Morgagni, en ont vu suinter et même couler un liquide, non seulement chez les femmes qui allaitaient, mais encore chez des hommes.

Ce liquide, suivant ces observateurs, variait en nature et en quantité, selon le temps qui s'était passé depuis le repas ou depuis l'allaitement.

Il existe une très grande différence entre ces tubercules et les glandes sébacées. Ces dernières se rencontrent en grand nombre, comme nous l'avons déjà dit, sur l'aréole et le mamelon, et ne s'élèvent jamais au-dessus de la surface; tandis que le contraire a lieu pour les tubercules, dans lesquels on rencontre d'ailleurs un ou plusieurs conduits excréteurs très petits, et qui conduisent à des petites glandes dont la nature est absolument la même que celle dont nous venons de parler; seulement leur volume est bien moins considérable, et elles sont logées immédiatement au-dessous de la peau, et sont unies entre elles et avec le corps de la glande par un tissu cellulaire delié; rarement elles couvrent immédiatement la circonférence de l'aréole. Il y en a ordinairement de cinq à dix.

Il suit de là que ces petites glandes et les tubercules auxquels aboutissent leurs conduits excréteurs, se composent relativement à la glande mammaire, absolument comme le font les glandes salivaires à l'égard de la parotide et de la sous-maxillaire. Telle est l'opinion de Mekel.

Il est à remarquer que cette graisse ne présente point ici une couche continue, mais qu'au contraire elle s'insinue entre les enfoncements que nous avons décrits et que même elle pénètre profondément dans la substance de l'organe. Cavolo et la plupart des anatomistes qui ont traité ce sujet, prétendent que la base en est dépourvue, mais Haller prétend le contraire; on n'en rencontre également pas dans le mamelon et derrière l'aréole. Quant au tissu adipeux qui le contient, il s'enfonce également dans les intervalles que ces diverses glandes laissent entre elles : seulement, sur la surface de l'organe, on le voit se condenser en une gaine particulière, à peu près analogue à celle qui enveloppe les muscles.

Les vaisseaux des mamelles leur sont fournis par les artères thoraciques externes, les nerfs proviennent du troisième et quatrième cervical et des cinq à six dorsaux supérieurs. Ils sont très petits et vont se distribuer à la peau : il est difficile de les suivre dans les mamelles elles-mêmes, malgré la grande sensibilité dont sont douées ces parties.

Ruisch dit avoir vu les papilles nerveuses qui rendent le toucher du mamelon si exquis et si délicat; on les aperçoit, du reste, très bien dans la baleine. Les vaisseaux lymphatiques sont en grand nombre, ils se rendent aux glandes de l'aisselle.

DEUXIÈME GROUPE

ORGANES EXTERNES DE LA GÉNÉRATION CHEZ LA FEMME.

PÉNIL OU MONT DE VÉNUS.

On appelle pénil, mont de Vénus, ou motte, une espèce de relief que forment les parties molles qui recouvrent le devant du pubis : il est formé d'une masse de graisse, de filament fibreux et de tissu cellulaire. La peau qui le recouvre est très épaisse et peu extensible. Le mont de Vénus s'ombrage de poil à l'époque de la puberté. Ceux-ci sont toujours moins longs que ceux que l'on rencontre chez l'homme sur la partie correspondante: rarement ils s'implantent jusqu'à l'ombilic. Leur couleur est variable. Enfin le pénil renferme un grand nombre de follicules sébacées et il représente une espèce de coussinet dont les usages, à en croire quelques écrivains, se rattacheraient à l'acte de la copulation.

VULVE.

La vulve est la fente ou l'ouverture longitudinale qui se trouve entre les parties saillantes de l'appareil extérieur de la génération chez la femme, quelques anatomistes ont donné à ce mot une acception moins limitée, et comprennent, sous ce nom, toutes les parties génitales externes.

GRANDES LÈVRES.

Les grandes lèvres sont au nombre de deux, et leur longueur détermine celle de la vulve : ce sont deux espèces de replis qui semblent résulter de la bifurcation inférieure du mont de Vénus, et s'écartent l'un de l'autre jusqu'au milieu de leur longueur, pour se rapprocher ensuite et se réunir à un pouce au-devant de l'anus. Elles présentent deux commissures, l'une supérieure, l'autre inférieure ou périnéale.

La surface externe, formée par la peau des cuisses, se couvre de poil comme le pénil, l'interne tapissée d'un prolongement de la muqueuse vaginale est lisse, humide et de couleur rosée. Le bord des grandes lèvres est toujours convexe, mince, arrondi, suivant leur plus ou moins grande épaisseur. Ainsi, de la peau, des poils, des glandes sébacées, du tissu cellulaire, beaucoup de vaisseaux capillaires sanguins et lymphatiques, puis enfin une membrane muqueuse, telles sont les parties constitutives des grandes lèvres. La peau y est mince, très délicate, traversée par des poils plus ou moins nombreux, et percée par les orifices d'un grand nombre de cryptes muqueux. Cette peau est ferme et résistante chez les jeunes filles, les femmes qui observent une continence rigoureuse et dont l'embonpoint est considérable, mais elle se flétrit dans la vieillesse.

Beaucoup de glandes sébacées sont disséminées sous la peau des grandes lèvres, et l'odeur du fluide qu'elles exhalent a un caractère particulier et fort pénétrante chez certaines femmes. Un tissu cellulaire très spongieux, rempli de capillaires sanguins et lymphatiques, et de ramifications nerveuses, forme en grande partie l'épaisseur des grandes lèvres. Ce tissu est fortifié par des prolongements fibreux blanchâtres qui adhèrent aux parties voisines; quelques fibres musculaires sont placées dans leur intérieur et y forment deux faisceaux très minces qui naissent près du pubis par de courtes fibres aponévrotiques, implantées dans la membrane du corps caverneux du clitoris, puis descendent ensuite de chaque côté, contournant l'orifice du vagin et allant aboutir aux muscles *Ischio-périnéal* et au *Coccygio-Anal.*

Une couche de tissu cellulaire, assez mince, unit ces fibres à la membrane muqueuse qui commence au-dessous du bord libre des grandes lèvres, et qui, partant de ce point, va tapisser tout l'appareil génital et urinaire. Sa couleur, chez les jeunes filles et les célibataires, est rosée; mais elle pâlit beaucoup dans la vieillesse.

Indépendamment des glandes sébacées dont nous avons parlé, les parties génitales externes sont garnies d'un grand nombre de cryptes muqueux, qui abondent surtout à la circonférence de l'orifice urétral et vaginal.

PETITES LÈVRES OU NYMPHES.

Les petites lèvres, ou nymphes, sont deux replis membraneux placés sur les côtés de l'orifice du vagin, allongés de devant en arrière et plus larges dans leur partie moyenne qu'à leurs extrémités : elles naissent supérieurement par deux branches qui se continuent avec le prépuce du clitoris; puis elles descendent en divergeant sur la face interne des grandes lèvres, et se terminent insensiblement vers le milieu de la longueur de ces dernières, vis-à-vis de l'ouverture du vagin; elles sont de couleur rougeâtre et d'une consistance ferme. Enfin, elles sont constituées par un repli triangulaire de nature muqueuse, très fin et très sensible, et un tissu érectile ou spongieux assez semblable à celui du corps caverneux. Leur volume est très variable, elles sont quelquefois à peine marquées. Chez quelques femmes, l'une des petites lèvres est plus petite que l'autre, ou même manque entièrement, ainsi que l'a remarqué Morgagni. Ces organes se flétrissent dans la vieillesse : ils sont au contraire rouges et saillants chez les jeunes filles; leur bord supérieur adhère en grande partie à l'orifice du vagin, l'inférieur est libre et demi circulaire, leurs extrémités postérieures s'écartent beaucoup l'une de l'autre, tandis que les antérieures sont rapprochées.

Les usages des petites lèvres sont peu connus; on a cru qu'elles pouvaient servir à diriger le cours des urines, mais les femmes urinent les cuisses écartées et la direction du jet est absolument déterminée par celle de l'urètre. Presque tous les auteurs, et M. Roux lui-même, prétendent qu'elles servent à l'ampliation de la vulve pendant l'accouchement. Velpeau regarde cette opinion comme tout à fait dénuée d'exactitude; il est enfin des physiologistes qui pensent que les petites lèvres ont pour objet d'accroître les jouissances vénériennes. Cette opinion sera examinée par nous en temps et lieux.

CLITORIS.

Le clitoris est un petit tubercule que certains anatomistes ont comparé à la luette; mais qui représente en petit le pénis de l'homme, il est ordinairement caché par les grandes lèvres et occupe la partie supérieure et moyenne de la vulve.

Le clitoris acquiert, chez certaines femmes, un volume considérable, et influe d'une manière bien sensible sur l'organisation et les goûts de celles qui le présentent.

On distingue dans le clitoris une extrémité libre, arrondie en forme de gland, et un corps caverneux qui s'attache par deux racines aux branches ischio-pubiennes ; mais il n'est point creusé d'un canal comme la verge de l'homme. Un repli de la muqueuse lui sert de prépuce, ce repli est fermé en haut, ouvert ou fendu en bas, mou et humide sur ces deux faces, mais principalement sur l'interne; on y remarque un grand nombre de glandes sébacées, dans l'endroit surtout où le prépuce se continue avec la peau qui entoure le gland du clitoris.

En examinant avec soin les parties, on reconnaît que le gland n'est pas une continuation de la substance de la partie postérieure du clitoris, mais qu'il ne tient à ce dernier que par du tissu cellulaire, des vaisseaux et des nerfs, et que la partie postérieure du clitoris se termine par une surface concave destinée seulement à le loger.

Le clitoris se compose d'une gaîne fibreuse, extérieure, au-dessous de laquelle on trouve un tissu spongieux formé par de larges troncs veineux que réunissent de fréquentes anastomoses. Après la réunion des deux branches par lesquelles il naît, on remarque, entre ces deux moitiés latérales, une cloison fibreuse perpendiculaire qui les sépare l'une de l'autre, mais d'une manière incomplète et qui se continue immédiatement avec l'enveloppe extérieure; aucune trace de cloison n'existe dans le gland, formé, du reste, d'un tissu semblable, mais plus fin. Les vaisseaux et les nerfs marchent sur la face dorsale. Ces derniers sont très nombreux et pénètrent dans le gland.

VESTIBULE.

Le vestibule est un espace circonscrit par le clitoris, la face interne des nymphes et le méat urinaire. Cet espace est triangulaire, déprimé et correspond à la partie la plus élevée de l'arcade du pubis. Le vestibule ne remplit aucun usage relatif à la génération.

MÉAT URINAIRE.

Le méat urinaire ou l'urètre est situé au-dessous du vestibule, derrière le clitoris, et sur la même ligne, il n'est séparé du vagin que par une sorte de tubercule plus ou moins saillant, qui, en arrière, termine la colonne médiane antérieure; c'est à l'existence de ce corps que l'on doit la facilité avec laquelle on peut sonder la femme sans la découvrir, il suffit pour cela d'un peu d'habitude et d'adresse. L'urètre chez la femme est large, conique, long de douze à quinze lignes, à peine recourbé, sans bulbe ni prostate. Très évasé à son origine, il descend obliquement en avant pour se terminer au bas du vestibule, au-dessus de l'orifice du vagin. Dans ce trajet il décrit une courbure très légère, dont la concavité est tournée en haut, il répond en arrière à la paroi antérieure du vagin, à laquelle il est intimement uni : en haut il est en rapport avec le ligament antérieur de la vessie, la symphise du pubis et le corps caverneux. La membrane muqueuse, qui le tapisse, est rougeâtre et forme plusieurs plis longitudinaux très saillants, elle présente particulièrement en bas une grande quantité de lacunes muqueuses. Elle est, en outre, enveloppée par une couche mince de tissu spongieux, une espèce de bourrelet, toujours plus saillant en bas qu'en haut, et que forme la membrane muqueuse qui environne l'orifice externe du canal.

HYMEN.

Ce repli et non cette membrane, comme l'appellent improprement encore plusieurs accoucheurs ou anatomistes, admis par les uns et rejeté par les autres pendant le dix-septième et le dix-huitième siècles, existe constamment, s'il n'a été détruit par l'effet des premières jouissances, ou par d'autres accidents étrangers à la copulation. Sa forme est excessivement variable, tantôt elle est semilunaire, tantôt parabolique, tantôt, enfin, circulaire. L'hymen, du reste, ne ferme pas le vagin ordinairement, du moins d'une manière exacte. Son épaisseur varie autant que sa largeur. Il est, en général, plus épais à la naissance qu'à toute autre époque de la vie, et il offre souvent, chez les jeunes filles nouvellement nées, la forme, la couleur et la molesse des petites lèvres. Il est formé par un repli de la membrane muqueuse, au moment où elle pénètre dans le vagin.

M. Velpeau dit y avoir rencontré des fibres musculaires entre-croisées comme dans la matrice.

Ce repli a été regardé longtemps comme le sceau de la virginité, et a été cause de plus d'un jugement inique. Aujourd'hui, tout le monde pense, avec raison, qu'il peut être détruit par une foule de causes autres que l'introduction du membre viril dans les parties génitales de la femme.

CARONCULES MYRTIFORMES.

Les physiologistes ne sont point d'accord touchant leur existence : les uns les regardent comme des organes spéciaux et indépendants de l'hymen, et se fondent sur ce que parfois elles existent, l'hymen étant lui-même intact, puis sur l'impossibilité d'expliquer autrement leur situation et leur nombre ; les autres soutiennent opiniâtrément qu'ils sont les débris de l'hymen.

M. Velpeau a cru pouvoir concilier ces deux opinions en faisant observer que, des quatre caroncules myrtiformes qu'on remarque communément à l'entrée du canal vulvo-utérin, et qui correspondent aux quatre extrémités des diamètres vertical et transverse de cette ouverture, deux d'entre elles, l'une qui avoisine le méat urinaire, et l'autre qui réside au-devant de la fourchette, appartiennent aux colonnes médianes du vagin, tandis que les deux autres doivent être considérées comme les débris de l'hymen. De cette manière les deux premières existeraient chez les vierges, tandis que les autres ne se rencontreraient jamais qu'après le coït. Le nombre même de ces dernières peut s'accroître et différer entre elles sous le rapport de leur volume et de leur situation, suivant que l'hymen se sera rompu en deux, trois, ou quatre lambeaux, d'une manière égale ou régulière; on les voit quelquefois disparaître après l'accouchement, ce qui n'arrive jamais aux caroncules médianes, qui grossissent plutôt qu'elles ne s'affaissent par les progrès de l'âge.

FOURCHETTE.

On entend par fourchette l'angle aigu formé par la rencontre au périnée, des deux grandes lèvres.

FOSSE NAVICULAIRE.

La fosse naviculaire est l'enfoncement formé par la rencontre périnéale des grandes lèvres.

TROISIÈME GROUPE

ORGANES INTERNES DE LA GÉNÉRATION CHEZ LA FEMME.

VAGIN.

Le vagin est un conduit cylindroïque, situé dans l'intérieur du petit bassin, entre la vessie et le rectum; long de quatre à six pouces, sur environ un pouce de large, étendu de la vulve dont il est la continuité, jusqu'au col de l'utérus dont il embrasse la circonférence.

La direction du vagin est parallèle à celle du petit bassin, c'est-à-dire qu'il est concave du côté de la vessie, convexe du côté opposé, formant un angle d'environ soixante-quinze degrés avec le diamètre de la matrice.

Le vagin est formé de deux couches; l'une externe, mince, solide, d'un blanc rougeâtre, renferme beaucoup de vaisseaux, et quelques fibres musculeuses. Cette couche est appuyée postérieurement dans les trois cinquièmes moyens de son étendue sur le rectum, et concourt à former la cloison recto-vaginale, le périnée le sépare de l'intestin de toute son épaisseur. Son cinquième supérieur est libre dans le bassin et tapissé par le péritoine.

Un tissu cellulaire, dense et serré, unit cette couche externe au bas fond de la vessie pour donner naissance à la cloison vésico-vaginale, et ensuite à l'urètre d'où résulte la cloison urétro-vaginale.

La seconde couche du vagin est interne, et offre un grand nombre de rides qui lui donnent un aspect rugueux, semblable à celui qu'offre l'intérieur de la vessie ou de l'estomac fortement contractés. Ces rides sont moins nombreuses et moins saillantes dans le voisinage du col de la matrice, et elles y affectent toutes sortes de directions.

Une série de ces rides transversales et obliques, situées les unes au-dessus des autres, et qui sont la continuation de celles du col de la matrice, sont désignées sous le nom d'*arbre de vie*.

A la surface interne du vagin, près de l'orifice vaginal, il existe un grand nombre de glandes mucipares. La membrane interne participe des caractères des lames muqueuses les plus parfaites, et on y remarque un épithélium, des follicules, des villosités; mais près du col on ne peut détacher cette membrane des tissus qui l'entourent, et rien n'y indiquent de follicules ni de villosités.

Du côté de la vulve, le tissu semble se transformer en un tissu spongieux, dont les cellules se remplissent et se vident de sang comme le font les tissus des corps caverneux du clitoris et de la verge; c'est ce tissu que l'on nomme *Plexus restiforme.* Quelques anatomistes ont reconnu dans ce tissus des fibres musculaires formant l'office de sphincter; ces fibres musculaires ne s'aperçoivent bien que chez les femmes adultes, elles semblent descendre de chaque côté de la partie inférieure du clitoris pour se porter sur les parties latérales de l'orifice du vagin et se terminer à la région moyenne du muscle transversale du périnée et à la partie antérieure du sphincter de l'anus.

Le vagin reçoit ses artères de l'hypogastrique, ses veines se rendent dans un plexus qu'on trouve couché sur ses parties latérales, et dans lequel vont se jeter également les veines du clitoris. Ses nerfs viennent des dernières paires sacrées.

UTÉRUS.

La matrice, ou utérus, est un muscle creux destiné à loger le produit de la conception pendant toute la durée de son développement.

Il est l'organe essentiel de la gestation et non de la génération, comme le disent improprement quelques physiologistes. Il subit, pendant le temps de la grossesse, des changements importants que nous décrirons plus tard. Il est plus développé chez les femmes qui ont eu des enfants que chez les autres, car après l'accouchement, tout en revenant sur lui-même, il ne reprend cependant jamais ses dimensions premières.

L'utérus est situé dans l'excavation pelvienne, entre la vessie et le rectum, au-dessous des intestins, il se continue en bas avec le vagin, et dans l'état de vacuité, il est généralement placé dans l'axe du détroit supérieur.

Deux replis assez étendus du péritoine le fixent aux parois latérales du bassin d'une manière assez lâche, cependant, pour qu'il jouisse d'une certaine mobilité et qu'il puisse, lorsqu'il y est sollicité, changer de position.

La forme de l'utérus ressemble à celle d'une poire ou d'une petite calebasse aplatie. Cet organe, mesuré depuis la partie la plus saillante, de son fond jusqu'au sommet de la lèvre antérieure de son col, présente ordinairement, chez les femmes qui ne sont point encore mère, de six à vingt lignes; d'une trompe à l'autre de dix-sept à vingt lignes; d'avant en arrière, dans sa plus grande épaisseur, de neuf à onze lignes, au col, de dix à douze lignes en travers; cinq à six lignes d'avant en arrière, huit à dix lignes transversalement à l'endroit de son étranglement, et quatre lignes d'épaisseur dans ce même endroit. Chacune de ses parois est épaisse de quatre lignes au corps, de deux à trois lignes au col.

Les lèvres de la matrice font dans le vagin une saillie de deux à trois lignes, et la fente qui les sépare offre à peu près la même étendue.

Le *corps* de la matrice est convexe en avant, plus convexe encore en arrière, arrondi en haut, tapissé dans ses trois sens par le péritoine qui, cependant, ne le couvre pas toujours entièrement dans le premier, plus étendu d'un côté à l'autre que de haut en bas, il comprend la partie de l'organe placé au-dessus d'une rainure qui le sépare du col.

Le *col* est un peu aplati d'avant en arrière, à peu près cylindrique, long de dix à douze lignes, couvert en arrière, et souvent en avant, par le péritoine, creusé d'un canal qui se continue avec la cavité du corps, embrassé par le vagin dans lequel il fait une saillie nommée *museau de tanche*, il présente, au sommet de cette saillie. une fente transversale bornée par deux lèvres arrondies, chez les femmes qui n'ont point eu d'enfants, plus ou moins inégales chez celles qui sont devenues mères. De ces deux lèvres, l'antérieure est plus courte et plus grosse que la postérieure.

La surface extérieure de la matrice est contiguë en haut à l'intestin grêle, en avant à la vessie, en arrière au rectum, elle donne attache sur les côtés aux ligaments larges.

La surface intérieure est contiguë à elle-même, dans l'état de vacuité elle répond à la cavité de l'organe qu'il convient d'examiner dans le col et dans le corps.

Dans le corps elle a la forme d'un triangle qui offre une ouverture à chacun de ses angles, une inférieure large, orifice commun du corps et du col, situé au milieu de la rainure extérieure, et deux supérieures et latérales extrêmement étroites placées au fond de deux enfoncements infundibuliformes, au point d'insertion des trompes de fallope dont elles sont les orifices. Dans le col elle est cylindrique, mais aplatie d'avant en arrière, et un peu plus dilatée au milieu qu'aux extrémités chez les femmes qui n'ont point eu d'enfants; tandis que chez celles qui en ont eu, elle est plus large en bas que dans le reste de son étendue. On y voit en avant et en arrière une légère saillie médiane, qui, prolongée sur le corps et unie à angle aigu avec de petites lames latérales recourbées de haut en bas, représente une sorte de branche palmée qui a reçu le nom d'arbre de vie. Enfin cette cavité offre un grand nombre de follicules, principalement dans le col au voisinage de l'orifice inférieur où, gorgé quelquefois de mucosités, ils s'offrent, sous forme de vésicules transparentes qui, ayant été considérées comme des œufs par Naboth, ancien anatomiste, ont reçu et conservé le nom d'œufs de Naboth.

Les *ligaments larges* formés par le péritoine, quadrilatères, verticaux, étendus transversalement des parois latérales du bassin aux bords de l'utérus, sont divisés à leur bord supérieur en trois replis ou ailerons, occupés, l'antérieur, par le ligament rond, le postérieur par l'ovaire, et le moyen par la trompe de fallope, composés de deux feuillets entre lesquels rampent les artères utérines à travers une couche épaisse de tissu cellulaire, ils forment, avec l'utérus, une cloison qui sépare la cavité pelvienne en deux loges, l'une antérieure, qui est occupée par la vessie, et l'autre postérieure qui renferme le rectum et les circonvolutions inférieures de l'iléon.

Les ligaments ronds, allongés, aplatis, rétrécis à leur partie moyenne, naissent des parties latérales de l'utérus au-dessous et en avant des trompes de fallope, montent en dehors dans l'épaisseur de l'aileron antérieur des ligaments larges, s'engagent dans le canal inguinal, placés dans une gaîne que leur fournit le péritoine, canal de Nuck, le parcourent, en sortent et se terminent à l'aine, en s'épanouissant dans le tissu cellulaire.

Ces cordons blanchâtres, assez denses, comme fibreux, continus avec la propre substance de l'utérus renfermant des fibres longitudinales, dont il est difficile de déterminer la nature, et un grand nombre de ramifications veineuses.

Structure de l'Utérus. *Membrane séreuse* fournie par le péritoine, elle revêt toute sa face postérieure, son bord supérieur, et la face antérieure du corps, très adhérente au voisinage de la ligne médiane, elle le devient de moins en moins sur les côtés où elle se continue avec les ligaments larges.

Membrane muqueuse, extrêmement mince, très adhérente, rouge dans la cavité du corps, et blanchâtre dans celle du col, elle se prolonge dans les trompes de fallope et se continue avec la membrane interne du vagin.

Tissu propre, considéré dans l'état normal, grisâtre, très dense, comme cartilagineux, surtout dans la portion qui répond au col, il se compose de fibres dont il est difficile de déterminer la nature et le mode d'arrangement.

Dans l'état de gestation, mou, rougeâtre, dilatable, contractile, il offre tous les caractères du tissu charnu et ses fibres sont disposés de la manière suivante : dans le corps de l'organe elles forment deux couches, une superficielle et une profonde, la première se compose d'un faisceau vertical qui correspond aux deux faces de cette portion de l'organe; d'un second faisceau qui règne le long du bord supérieur, et de plusieurs autres, obliques, continus avec les trompes, les ligaments ronds et les ligaments des ovaires ; la seconde forme deux cones qui, adossés par leur base sur la ligne médiane, répondent par leur sommet aux trompes. Dans le col il n'y a que des fibres circulaires toujours plus étroitement groupées que celles du corps. Dans le même état de gestation, le tissu de l'utérus est parcouru par des canaux veineux, plus ou moins tortueux, nommés *sinus utérins*.

Vaisseaux. Les artères très fluxueuses, fréquemment anastomosées entre elles, naissent des hypogastriques et des spermatiques.

Les *veines* extrêmement développées dans le temps de la grossesse, époque à laquelle elles forment les *sinus utérins*, suivent le trajet des artères.

Les *vaisseaux lymphatiques*, qui sont également très

développés à la même époque, se rendent dans les ganglions du bassin et des lombes.

Nerfs, ils viennent des plexus rénaux et hypogastriques.

OVAIRES.

Les ovaires, que les Anciens appelaient les testicules de la femme, sont deux corps oblongs, aplatis, de couleur blanchâtre, et qu'on trouve placés dans l'épaisseur des ailerons postérieurs des ligaments larges. Dirigés transversalement, et aplatis de devant en arrière, ils présentent deux faces, deux bords et deux extrémités. Les faces et les bords supérieurs sont libres et n'offrent que de légères bosselures pendant le temps où les femmes sont encore fécondes. Le bord inférieur adhère à l'aileron postérieur des ligaments larges. L'extrémité externe tient à la plus longue des franges du pavillon de la trompe; l'extrémité interne donne attache au ligament de l'ovaire, cordon filamenteux, long d'un pouce et demi environ, qui se fixe à la matrice, derrière la trompe, et que les Anciens considéraient comme un canal destiné à transmettre, à l'utérus, la semence soi-disant sécrétée par les ovaires.

Ces derniers, malgré ce filament, n'en jouissent pas moins de mobilité, puisqu'ils sont, comme on le sait, flottants dans le bas-ventre.

Chez les jeunes vierges non encore adultes, la superficie de ces organes est ordinairement lisse; toutefois nous reviendrons sur cette assertion des anatomistes, en analysant les travaux des physiologistes modernes.

Chez la femme adulte, cette superficie est toujours inégale et déchirée, nous en indiquerons plus tard la raison.

La longueur des ovaires, dans l'état parfait de développement, est d'un pouce et demi environ ; leur hauteur est de quatre lignes, leur épaisseur un peu moindre ; leur poids d'environ six grammes.

Le péritoine les recouvre extérieurement; au-dessous de lui, on trouve une membrane fibreuse, blanche, très solide et très résistante, qui est unie à la première d'une manière si intime qu'on ne peut les séparer. Au bord inférieur de l'organe, cette dernière est perforée par les vaisseaux qui la traversent pour se répandre dans son intérieur.

L'ovaire est formé d'une substance assez dense à l'extérieur, tandis qu'au contraire elle est molle, grisâtre et celluleuse ou spongieuse à l'intérieur. C'est dans l'épaisseur de cette substance que sont contenues de petites vésicules presque rondes, réunies en grappes, et dont le nombre s'élève ordinairement de quinze à vingt. Ces vésicules portent le nom de vésicules de *Graaf* ou d'œufs de Graaf, quoique connues antérieurement de Vésale, et de Fallope. Elles sont pour ainsi dire enchatonnées dans la substance spongieuse de l'ovaire. Elles forment toutefois une petite saillie sous la membrane de cet organe.

Ces vésicules sont formées d'une membrane simple, très mince, lisse en dedans et remplie par une humeur claire, quelquefois de couleur rouge ou jaune, et qui coagule par le feu ou l'alcool. Leur volume varie singulièrement; les plus grosses ont à peu près trois lignes de diamètre. M. Négrier, d'Angers, a fait une étude toute particulière de ces vésicules aux différents âges de la femme, nous nous éclairerons de ce travail remarquable.

Les vaisseaux qui viennent à l'ovaire sont fournis par les spermatiques, ses nerfs viennent du plexus rénal.

TROMPES DE FALLOPE.

Les organes que l'on nomme encore *trompes utérines*, sont deux conduits coniques, tortueux et vermiformes, que l'on considère comme les canaux excréteurs des ovaires. Ces trompes sont flottantes dans le bassin; situées au devant et au-dessus des ovaires, elles se portent de dehors en dedans vers le bord supérieur de la matrice, en traversant la partie supérieure du ligament large à laquelle elles s'attachent. Leur longueur est de quatre à cinq pouces et leur direction très incertaine. On peut dire, cependant, d'une manière générale, qu'elles se dirigent transversalement en dehors, et se recourbent ensuite à leur extrémité pour se regarder mutuellement, comme disait Boyer, leur étroitesse, du côté correspondant à la matrice, est telle, que leur orifice ne peut guère admettre qu'une soie plus ou moins longue; mais cet orifice va de là s'élargissant jusque vers le milieu à peu près, où il se rétrécit un peu pour se dilater de nouveau et se terminer enfin dans la cavité du bas-ventre.

L'orifice de ce côté est entouré d'un rebord frangé, découpé ou rayonné, qui lui a fait donner le nom de *morceau frangé* ou de *pavillon de la trompe*. Cette ouverture dépasse de beaucoup l'extrémité externe de l'ovaire en dehors.

Le péritoine recouvre extérieurement les trompes et sert de membrane extérieure à ces organes; mais ils se composent en outre d'une membrane interne, molle, pulpeuse, et dont la surface offre des lignes longitudinales, plus ou moins saillantes, regardées par quelques anatomistes comme des fibres musculaires; puis d'un tissu spongieux, assimilé à celui de l'urètre et du corps caverneux, mais dont la nature est entièrement ignorée.

Les vaisseaux sanguins qui arrivent aux trompes sont fournis par les spermatiques, et les nerfs par les plexus rénaux.

RÉFLEXIONS

SUR LA DIFFÉRENCE DES SEXES.

Telle est la description des organes qui constituent le sexe féminin; organes, qui, quoique si différents de ceux de l'homme, ont donné lieu à quelques physiologistes d'établir entre eux une certaine similitude qui ne peut être prise au sérieux.

Avicène et Galien surtout, se sont efforcés de prouver cette analogie. C'est ainsi qu'ils ont comparé les ovaires de la femme aux testicules de l'homme, les corps frangés de la trompe, à l'épididime des testicules, les trompes aux conduits déférents; l'utérus aux vésicules séminales, le vagin à la verge, prétendant qu'il n'y avait qu'un sexe, ou plutôt que les deux sexes n'en faisaient qu'un; que chez l'homme, les organes génitaux étaient développés à l'extérieur, tandis que chez la femme ils l'étaient à l'intérieur. Comme si les sexes ne s'exprimaient que par les organes destinés à la reproduction de l'espèce, et ne portaient pas leur cachet principal dans l'ensemble de l'organisation.

M. Geoffroy Saint-Hilaire, dans sa théorie curieuse des analogies organiques, a voulu rappeler ces idées oubliées de nos jours.

Toutefois, si on voulait s'en tenir à une simple analogie entre les organes chargés de produire l'ovule et ceux qui doivent en opérer la fécondation, nous serions loin de repousser une semblable prétention; sans doute l'ovaire de la femme joue, à l'égard de l'ovule, le même rôle que les testicules à l'égard de la semence. Les trompes sont chargées de conduire dans la matrice cet ovule, de même que les conduits déférents servent de passage à la semence pour arriver jusqu'aux vésicules séminales; mais là s'arrête toute analogie. Vouloir comparer le vagin à la verge, les réservoirs séminaux à la matrice, serait forcer les règles du sens commun.

Ce n'est pas par les organes génitaux seulement que la femme est femme, c'est par l'économie toute entière. Ses tissus, ses organes, sa stature, sont tellement différents de ceux de l'homme, qu'il est impossible de s'y méprendre. En effet, une stature plus petite, des formes plus mollement exprimées, des traits plus fins et plus délicats, des membres plus frêles et plus grêles; tout chez la femme respire la faiblesse et le besoin de protection, qu'elle commande d'ailleurs en devenant le dépositaire de ce que l'homme a de plus cher et de plus précieux.

Que l'on compare d'ailleurs le squelette et les os petits et délicats de la femme, la fibre molle et déliée de ses muscles, sa peau satinée, avec les os volumineux, âpres de l'homme, avec ses muscles à fibres énergiques, avec sa peau rude et épaisse, partout on trouvera une immense différence, chaque partie, même isolée, fera connaître le sexe auquel elle appartient.

Maintenant, que l'on mette en parallèle, la sensibilité exquise, la mobilité extrême de la femme, sa voix douce et harmonieuse, avec la sensibilité obtuse, la mobilité plus lente de l'homme, sa voix forte et sonore, et l'on sera bien vite convaincu que ces différences organiques ont une influence immense sur les fonctions des deux sexes.

Il est si vrai que la constitution de la femme est inhérente à son sexe, que cette constitution se retrouve même chez les femmes privées de *matrice*, quoique Hyppocrate, Vanhelmon, Hoffmann, aient placé tout cet ensemble de différence organique sous la dépendance de l'utérus, dont la véritable influence s'étend plutôt sur le moral de la femme que sur son physique.

HERMAPHRODISME.

A mesure que l'on descend l'échelle animale, on trouve la différence des sexes moins marquée, et l'on arrive à trouver, dans les classes inférieures, les deux appareils sexuels sur le même individu, ce qui constitue l'hermaphrodisme, comme on le voit chez tous les molusques bivalves, l'huître, les moules, etc., sujet du reste sur lequel nous reviendrons plus tard ; mais dans l'espèce humaine, jamais la nature n'a représenté d'hermaphrodisme complet.

Le mot *hermaphrodite* nous vient des grecs qui l'ont composé du nom d'un dieu et d'une déesse, et qui exprime dans un seul mot le mélange ou la conjonction de Mercure et de Vénus qui, selon eux, avaient donné le jour à ce sujet extraordinaire.

La nymphe Salmacis, étant devenue éperduement amoureuse du jeune Hermaphrodite, et n'ayant pu le rendre sensible, pria les dieux de faire de leurs deux corps un seul assemblage. Les dieux, sensibles à la prière de la belle Salmacis, laissèrent à cette réunion bizarre le type des deux sexes.

Si l'on en croit Alexandre ab Alexandro, les Athéniens et les Romains regardaient les hermaphrodites comme des monstres à qui l'on devait donner la mort.

On a beaucoup agité dans la science la question des hermaphrodites ; mais il est positif que, lorsqu'on a cru voir les deux sexes réunis sur le même individu, on a commis une erreur grave; il n'y a jamais eu d'hermaphrodisme humain constaté.

Tous les faits rapportés n'ont offert à l'examen que des monstres, chez lesquels il y avait tantôt exagération d'un organe, comme on le voit chez quelques femmes ; ce que, du reste, nous avons constaté à l'article circoncision, en parlant des femmes égyptiennes dont le clitoris acquiert un volume qui en nécessite l'amputation ; tantôt défaut de quelques organes, comme on le voit chez quelques garçons qui, avec un développement peu considérable de la verge, présentent une fente ou infundibulum à la place du raphée du scrotum.

La nature ne confond jamais pour toujours ses véritables marques, ni ses véritables sceaux; elle finit par montrer le caractère qui distingue le véritable sexe, et si elle le voile dans l'enfance, elle le décèle indubitablement dans l'âge de puberté, et ce qui se trouve vrai pour un sexe, se trouve également vrai pour l'autre.

Qu'il y ait eu des hommes qui aient passé pour des femmes, c'est assurément le résultat de caractères équivoques, mais vers la saison des plaisirs, tout équivoque cesse par la manifestation naturelle pour l'un ou l'autre sexe, comme on le vit, au rapport d'un père de l'Église, chez une fille italienne du temps de Constantin.

Ambroise Paré cite aussi une certaine Marie Germain qui, en sautant un fossé, devint homme à l'instant même, c'est-à-dire que les testicules de cette prétendue fille, retenus jusque là au-dessus de l'anneau, descendirent dans le scrotum dont le raphée présentait une fente ou infundibulum.

Cette disposition était celle de Marie-Marguerite de Bue qui fut regardée comme une fille pendant dix-neuf ans. Cette prétendue fille, née le 19 janvier 1792, à Bue, arrondissement de Dreux, élevée comme une fille jusqu'à l'âge de 19 ans, avait les goûts, les habitudes et les dispositions de l'autre sexe. Le fils d'un ami de son père l'ayant demandée en mariage, ce que deux autres avaient déjà fait avant lui, les parents de Marie, craignant qu'elle ne fût mal conformée, la menstruation n'ayant jamais eu lieu, firent procéder à son examen par le docteur Worbe, qui découvrit le véritable sexe de cette prétendue jeune fille.

En effet, un scrotum fendu en dessous offrait l'aspect d'une petite vulve, qui n'était qu'un conduit allant à la vessie. Les deux testicules ayant franchi l'anneau vers l'âge de treize à quatorze ans, avaient été pris pour deux hernies par un chirurgien ignorant qui y avait appliqué un double bandage. Le membre viril, du reste, était peu volumineux et imperforé, puisque le conduit vulvaire était le véritable canal de l'urêtre. Ce sujet, déclaré du sexe masculin par un arrêt du tribunal de Dreux, reprit les habits d'homme, se livra aux travaux de la campagne et devint un bon agriculteur, mais ne fit aucune tentative de mariage.

Nous-même avons vu, il y a une quinzaine d'années, à la Pitié, une autopsie pratiquée sur un vieillard de 70 ans qui, pendant 40 ans, avait été en ménage, devant remplir les fonctions de mari, et n'offrant à l'intérieur que les attributs du sexe féminin. Un clitoris, ayant le volume d'une verge d'enfant, était le seul organe qui pût faire prendre extérieurement ce cadavre pour celui d'un homme; mais à l'intérieur tous les organes du sexe féminin étaient prédominants sur ceux du sexe masculin qui n'étaient qu'à l'état rudimentaire

On a toujours qualifié d'hermaphrodites les femmes qui avaient le clitoris assez long pour en abuser. Columbus a vu une bohémienne qui, ayant le clitoris très développé, s'adressa à lui pour en obtenir la résection, et pour qu'il lui élargit le vagin, voulant, disait-elle, recevoir les embrassements d'un homme qu'elle aimait.

Les auteurs reconnaissent trois degrés d'hermaphrodisme; le premier est ce qu'on appelle *hermaphrodisme neutre*, qui comprend tous les vices locaux et généraux dépendant d'un retardement de développement, non seulement des organes mâles, mais aussi des organes femelles, et même de tout organe sexuel quelconque. Cet état paraît être plus fréquent qu'on ne pense. Les individus qui le présentent n'ont ni l'extérieur de l'homme, ni l'extérieur de la femme.

On a prétendu que ces sortes de monstres étaient destinés primitivement à appartenir au sexe masculin, et que la difformité qu'on remarque en eux, n'est autre que le résultat de l'atrophie ou l'absence des testicules ; circontance à laquelle se joint presque constamment un défaut de développement de la verge.

Le *second degré* de l'*hermaphrodisme* comprend les difformités qui rapprochent plus ou moins le sexe féminin du sexe masculin.

Nous avons donné longtemps des soins à une femme de cette catégorie, pour laquelle les Latins avaient consacré le terme de *Virago*. Cet être disgracié offrait l'aspect repoussant d'un homme habillé en femme, une taille élevée, le frontal chauve, les cheveux courts, le visage assez frais, mais garni de barbe au menton et à la lèvre supérieure ; la voix hommasse, les seins bas, et pourtant assez volumineux ; mais la poitrine large et entièrement couverte de poils. Les jambes, les cuisses et tout le ventre étaient tellement couverts d'un poil dur, noir et épais, que l'aspect en était repoussant ; les parties génitales étaient perdues dans cette surabondance de poils hérissés. Le clitoris, de la grosseur d'une verge d'enfant, recouvert d'un prépuce et surmonté d'un gland, acquérait, par le moindre attouchement, une longueur de deux à trois pouce. Le vagin, très étroit malgré l'abus du coït, était très court, le col de la matrice n'offrait, au fond du vagin, que l'aspect d'un petit tubercule, perforé néanmoins au centre. Cette femme hommasse, qui appartenait à une famille aisée et très honnête, mariée à un homme calme et très bon pour elle, était douée d'une salacité que l'idée de sa position, et des bontés de son entourage pouvait seule arrêter. Elle n'avait jamais eu d'enfants et était très peu menstruée.

Pour ces êtres disgraciés, les occupations douces et sédentaires du sexe féminin n'ont aucun attrait ; et c'est bien ce qui avait lieu chez le sujet de cette observation.

Le *troisième degré d'hermaphrodisme* embrasse toutes les difformités qui rapprochent plus ou moins le sexe masculin de l'autre. C'est à cette catégorie que l'on doit rapporter les différents cas d'hermaphrodisme observés par les auteurs.

On trouve, dans l'histoire de l'Académie des sicences, l'observation suivante, rapportée par Petit, de Namur.

Un soldat, ayant été blessé, mourut à 22 ans à l'hospice de Namur. Le chirurgien major, qui l'ouvrit dans le seul but de constater le caractère de sa blessure, fut bien surpris de ne point trouver les testicules dans le scrotum. Il les découvrit dans le bas-ventre, mais avec un vagin, et l'ensemble des parties génitales de la femme; une espèce de matrice était attachée au col de la vessie et s'ouvrait dans l'urètre entre le col de la vessie et la prostate. Cette matrice avait deux trompes correspondant à deux ovaires.

Marie-Anne Drouard parut à Paris en 1749, elle était alors âgée de seize ans, n'avait point encore eu ses règles, n'avait encore aucune apparence de gorge naissante, ni les hanches conformes au corps d'une fille de son âge. Cette fille avait une verge recouverte de son prépuce, garni d'un peu de poils à la racine, avec son gland et les deux corps caverneux, mais le canal de l'urètre y manquait pour le passage de l'urine. Le prépuce laissait une ouverture qui approchait de la vulve d'une femme. Cette ouverture se terminait en bas par un repli assez semblable à la fourchette, avec un petit bouton, tel que celui qui se trouve dans les jeunes vierges; au-dessus de ce bouton était le canal de l'urètre, fort court, l'ouverture de la vulve était très étroite et admettait à peine l'intromission du petit doigt. Marie-Anne Drouard se présenta à l'Académie de Dijon en 1761, elle était alors âgée de 28 ans. On sentait, dans les aines, deux corps ovoïdes qui avaient l'apparence de testicules. Les parties, qui caractérisent le sexe féminin, étaient alors plus développées qu'en 1749. Les mamelles, sans avoir beaucoup de volume, étaient plus saillantes que ne le sont ordinairement celles de l'homme, les nymphes étaient plus marquées qu'en 1749. Le vagin, toujours étroit, avait assez de profondeur pour permettre l'introduction d'un doigt entier. D'après quelques questions adressées à cet individu, on s'était assuré que le sexe féminin dominait si réellement chez lui, qu'il était sensible à la vue des hommes. Du reste la Drouard était menstruée.

Les exemples de pareils êtres sont nombreux. Handy vit à Lisbonne, en 1807, un sujet d'une taille svelte, offrant les organes génitaux femelles bien conformés; au-dessus du pubis existait un scrotum, deux testicules, une verge creusée d'un petit enfoncement de deux lignes. Cette femme, bien menstruée, n'ayant jamais éprouvé les désirs du sexe féminin, était mère de plusieurs enfants.

Béclard rapporte l'histoire de Marie Madeleine Lefort, alors âgée de seize ans. Constitution générale de la femme, au-dessous du pubis, clitoris imperforé de deux pouces, allongé par l'érection, simulant une verge; prépuce mobile, offrant inférieurement cinq petits trous, vulve bordée par deux lèvres courtes, ombragées de poils; fente moyenne, peu profonde, vers la base du clitoris, ouverture qui laisse pénétrer une sonde ordinaire à la profondeur de dix à douze lignes suivant la direction du vagin, en touchant par cette voie on trouve un corps dur qui pourrait être le col de l'utérus. Marie Lefort excrète l'urine par les trous du prépuce, dit qu'elle est exactement réglée, se trouve portée vers les hommes par un attrait naturel, sans toutefois offrir aucune des conditions indispensables à la génération.

De tous ces faits, nous devons conclure que, dans l'espèce humaine, il n'y a point de véritable hermaphrodisme; puisque, pour qu'il fût complet, il faudrait que l'individu qui le présenterait, pût se suffire et se passer entièrement de la participation de l'autre sexe, ce qu'on n'a jamais vu. L'hermaphrodisme humain n'est donc pas possible, quoi qu'en aient dit quelques auteurs amis du merveilleux.

GÉNÉRATION.

OPINIONS DES PHYSIOLOGISTES ANCIENS.

Nous donnerions trop d'extension à notre sujet si nous voulions examiner toutes les opinions émises sur la génération ; aussi nous contenterons-nous d'énoncer les différents systèmes qui ont prévalu sur ce sujet si important.

La génération est une fonction par laquelle tous les êtres se reproduisent, mais cette fonction ne s'accomplit pas également chez tous les êtres créés.

Dans l'espèce humaine, et chez tous les animaux vertébrés, la génération s'opère au moyen d'actes où coopèrent les deux sexes. Mais, chez les animaux des classes inférieures, cette faculté génératrice se trouve quelquefois réunie sur le même individu, lequel peut à la fois remplir les deux rôles de mâle et de femelle.

Enfin sur certains êtres d'une organisation tout à fait imparfaite, il n'y a pas de sexe, et l'on voit alors la reproduction s'opérer au moyen de bourgeons qui se détachent du tronc, ou même par la scission d'une partie du tout. Ce dernier mode de reproduction se trouve, du reste, même chez des êtres dont les sexes sont distincts.

Enfin, on a avancé que certains êtres animés pouvaient se créer de toutes pièces par l'aggrégation d'atômes provenant d'êtres organisés morts ou vivants. C'est ce qui constitue la génération spontanée, à laquelle ont cru des physiologistes de la plus haute distinction : opinion qui, désormais est controuvée par les expériences des physiologistes modernes.

La doctrine des générations spontanées remonte à la plus haute antiquité.

Épicure prétendait que toute production venait de la terre. Aristote disait que tout corps en décomposition sèche ou humide, produit des animaux s'il peut les nourrir. Il faisait naître tous les animaux dont l'origine lui était inconnue, des endroits où on les trouve. C'est ainsi qu'avant lui et longtemps après, on attribuait à la terre la formation des serpents, des rats, &.; à la carcasse d'un bœuf ou de tout autre animal celle des abeilles. Buffon appuya de toute l'autorité de son éloquence la possibilité de ces générations spontanées.

Rédy démontra le premier que les vers ne naissent pas des chairs putréfiées. Ayant isolé, au moyen d'un voile, des viandes en voie de putréfaction, il vit des mouches voltiger autour de ces viandes et venir déposer leurs œufs sur la gaze qui les en séparait; mais il ne s'y développa pas de vers. Il resta dès lors constant que les vers ne pouvaient se développer sur les matières en putréfaction, comme le fromage et les viandes, que par le moyen des insectes.

Valisnieri continua les travaux de Rédy. Swammerdam est celui qui fit les plus nombreuses observations sur la génération des insectes.

Vers la même époque, Harvey concluait de ses nombreuses recherches son axiome devenu célèbre : *ex ovo omne vivum*. Harvey toutefois appliquait surtout cet axiome aux animaux mammifères, qui, disait-il, venaient d'un œuf comme les oiseaux.

Cependant, en 1675, Leuwenhœk découvrit avec le microscope des animaux invisibles à l'œil nu dans les eaux, le sperme et autres liquides. Ces êtres ne semblaient précédés d'aucun être semblable à eux; on supposa donc qu'il survenaient d'une génération spontanée. Cette opinion est encore professée de nos jours. Burmeister admet la génération spontanée de l'acarus de la gale, des poux &... Burdach ne l'admet que pour les infusoires.

Cependant il résulte d'observations constantes que les infusoires, qui sont aujourd'hui les seuls animaux dont la génération soit équivoque, ne peuvent naître dans une eau qui, ayant été soumise à l'ébullition, se trouve mise en vases hermétiquement fermés et privés d'air. Milne Edwards a fait à cette occasion plusieurs expériences qui toutes n'ont pas été couronnées de succès. Schültze a fait des expériences plus concluantes.

Ce qui a été dit des infusoires doit également s'appliquer aux entozoaires. J. Cloquet a exposé l'organisation de ces animaux et décrit les organes générateurs des mâles et des femelles. L'introduction des germes d'helminthes avec les aliments est chez l'homme la cause unique du développement des vers dans son intestin.

Ainsi, il résulte de tout ce que nous venons de dire, que l'acte de la génération s'opère par trois moyens très tranchés : 1° La *fissiparité* ou reproduction par scission. 2° La *Gemmiparité*, ou reproduction par bourgeons. Et enfin 3° *l'Oviparité*, ou reproduction par germes.

OVIPARITÉ.

Dans toute la classe des ovipares, l'union des deux sexes est indispensable à la reproduction : Cependant une certaine classe d'insectes ovipares nous offre une singularité telle que nous ne pouvons la passer sous silence. Ce fait singulier est relatif à la génération des pucerons, étudiée par Linnée et Réaumur.

Personne n'ignore que les pucerons sont de petits insectes qui s'attachent aux jeunes pousses de nos jardins, en sucent la sève et y causent des enflures considérables. Ces insectes vivent en troupes nombreuses et se reproduisent avec une étonnante facilité pendant les chaleurs de l'été. Cependant, au moment de leur grande fécondité, il n'y a parmi eux aucun mâle.

Leuwenhœck avait reconnu que les pucerons femelles sont vivipares et que les petits sortent la tête la première. En 1740, Charles Bonnet entreprit une série d'observations sur un puceron séquestré à la sortie du corps de sa mère, et sur les générations qui en provinrent, pour s'assurer si ce puceron se multiplirait sans accouplement. Ces expériences démontrèrent que, même pour un nombre considérable de génération, l'accouplement n'était pas nécessaire. Bonnet arriva ainsi jusqu'à la neuvième génération.

Duveau, en 1825, a de même constaté la viviparité du puceron sans accouplement jusqu'à la onzième génération. Ce fait, expérimenté par d'autres physiologistes, est désormais hors de doute. Toutefois, vers la fin de l'été, après sept à huit générations, on voit naître des individus différant un peu par leur forme des femelles qu'on avait observées jusqu'alors; ce sont des mâles. L'accouplement a lieu et il en résulte, non plus la naissance de petits pucerons, mais la ponte d'un grand nombre d'œufs; et tandis que le mâle et la femelle meurent aux premiers froids de l'automne, l'œuf résiste au froid de l'hiver, et au printemps cet œuf donne naissance à une femelle qui produit une nouvelle génération vivipare.

Ce singulier phénomène n'est pas aussi éloigné de notre sujet qu'il peut le paraître au premier coup d'œil. C'est ce que nous verrons au sujet des animalcules spermatiques que l'on a prétendu dans un temps contenir l'embryon humain tout formé.

Le mode de reproduction de l'homme ne diffère en rien des autres espèces animales soumises à l'oviparité.

L'opinion des premiers philosophes qui vécurent avant Hyppocrate et Aristote, ne nous offre pas un grand intérêt.

L'essence de toute génération, d'après Platon, consiste dans l'unité d'harmonie du nombre trois, ou du triangle : celui qui engendre, celui dans lequel on engendre, et celui qui est engendré. Ces idées platoniciennes ne peuvent arriver dans l'application qu'à des conséquences fausses et puériles.

Aristote, au lieu de se perdre dans la région des hypothèses comme Platon, s'appuie au contraire sur des observations, rassemble des faits et parle en langage intelligible.

L'homme et la femme, dit-il, ayant l'un et l'autre la faculté de répandre une liqueur dans le congrès, cette liqueur fut regardée d'abord comme prolyfique du moment où on en supposa le mélange : tel fut le premier système de la génération. Selon Lucrèce, non séulement le sperme viril doit être mêlé avec celui de la femme, pour qu'elle conçoive, mais chacune de ces semences a un caractère qui lui est propre, en sorte que si, dans le mélange qui en a lieu dans le corps de la femme, la qualité de sa semence contribue plus à la formation de l'enfant, il a beaucoup de ressemblance avec elle, il en est de même à l'égard du père, ou bien encore, s'il y a égalité entre les deux semences, le résultat de la fécondation ressemble au père et à la mère.

Hyppocrate, qui vivait cinquante ou soixante ans avant Aristote, supposait toutefois que les deux sexes possèdent chacun deux semences, l'une forte, l'autre faible, ayant leur source dans toutes les parties du corps et surtout dans les centres nerveux ; que le mélange de ces liqueurs dans l'utérus donne naissance à l'ambryon sous l'influence de la chaleur, la plus forte de ces deux semences devant engendrer les mâles, et la plus faible les femelles.

De son côté, Aristote admit que le fluide séminal, dont il reconnut l'existence seulement chez le mâle (quoiqu'il dise ailleurs, en parlant des animaux en général, que la femelle répand une liqueur séminale au dedans de soi-même), contient quelque chose d'immatériel renfermant l'élément des autres parties, et devant fournir la forme de l'embryon avec le principe de son mouvement. Selon lui, chez la femme, le sang menstruel tient lieu de semence.

Il prétendit que ce sang était épaissi par le principe éthéré et immatériel de la semence de l'homme, et qu'enfin l'embryon devait naître de cette coagulation du sang menstruel de la femme.

Le *sang menstruel*, disait Aristote, dans son style figuré, est le marbre, le *sperme* le sculpteur, le *fœtus* la statue.

Ces deux systèmes régnèrent dogmatiquement pendant les longs siècles qui précédèrent le nôtre, et furent adoptés alternativement ou simultanément par tous les médecins et les philosophes.

Fabrice d'Aquapendente fut le premier qui combattit par des faits positifs de pareilles erreurs.

Malpighi continua les travaux de ce dernier, et leurs études sur le développement du poulet introduisirent dans la science des faits positifs qui renversèrent des opinions qui avaient trop vécu.

Toutefois, les observations de Fabrice d'Aquapendente ne le conduisirent pas à une explication bien nette de la génération.

Ayant examiné la grappe de la poule après sa communication avec le coq, il n'aperçut aucune trace de la semence du mâle, il crut donc que tout l'ovaire et son contenu étaient fécondés par une émanation spiritueuse sortie de la semence du mâle.

Harvey, à qui on doit d'avoir mis hors de doute la circulation du sang, a fait un traité fort étendu sur la génération. Cet anatomiste célèbre prétendit que l'homme et tous les animaux viennent d'un œuf. Que le premier produit de la conception est un œuf, et que la seule différence entre les vivipares et les ovipares est que le fœtus des premiers prend son accroissement dans la matrice, au lieu que le fœtus des ovipares prend, à la vérité, sa première origine dans le corps de la mère où il n'est encore qu'œuf, et que c'est dans cet œuf et à ses dépens qu'il prend son accroissement.

Cependant, Harvey, malgré sa devise *omnia ex ovo*, était loin d'avoir découvert la vérité, et tout en reconnaissant l'existence de l'œuf chez les vivipares, il n'en soupçonnait pas encore l'origine; cet œuf, selon lui, ne venait pas de l'ovaire de la femelle.

La génération, selon Harvey, était l'ouvrage de la matrice, qui concevait le fœtus par une sorte de contagion que lui communiquait la semence, à peu près comme l'aimant communique au fer la vertu magnétique.

Du reste, Harvey fut guidé dans ses recherches par le système d'Aristote, dont il ne s'éloigna guère, et il ne fit guère que confirmer les observations d'Aquapendente. Hervey, ne s'étant pas servi sans doute du microscope, qui n'était pas perfectionné de son temps, avait avancé que la cicatricule d'un œuf fécond ne diffère pas de celle d'un œuf infécond.

Malpighi, 40 ans après lui, ayant examiné avec soin cette partie essentielle de l'œuf, la trouva grande dans tous les œufs féconds, et petite dans les œufs inféconds.

Harvey regardait les ovaires ou testicules de la femme, comme on les appelait alors, comme de petites glandes inutiles à la génération, et n'avait jamais aperçu d'altération dans ces parties après la fécondation.

Les observations de Malpighi, confirmées par celles de de Graaf et de Valisnieri, firent regarder les testicules de la femme comme de véritables ovaires, et les œufs comme contenant les véritables rudiments du fœtus.

Mais comme les ovaires sont placés au dehors de la matrice, comment les œufs, quand ils seraient détachés de l'ovaire, pourraient-ils être portés dans la cavité de la matrice, dans laquelle, si l'on ne veut pas que le fœtus se forme, il est du moins certain qu'il prend son accroissement?

Fallope avait trouvé deux tuyaux dépendants de la matrice, qui furent bientôt jugés propres à établir une communication entre les deux sortes d'organes dont il s'agit. On vit bientôt que les extrémités des deux tuyaux flottants dans le bas ventre, et qui se terminent par des espèces de membranes frangées, en forme de trompes, peuvent, par l'effet d'une sorte d'érection, s'approcher des ovaires, les embrasser, recevoir l'œuf, et servir à le transmettre dans la matrice, où ces espèces de tuyaux ont leur embouchure.

Le premier qui ait découvert de prétendus œufs dans les ovaires est Sténon, en disséquant un chien de mer femelle. Il vit, dit-il, des œufs dans les testicules, quoique cet animal soit vivipare, il ajoute qu'il ne doute pas que les testicules des femmes ne soient analogues aux ovaires des ovipares, soit que les œufs des femmes tombent n'importe comment dans la matrice, soit qu'il n'y tombe que la matière contenu dans ces œufs.

Régnier de Graaf, soit qu'il ait reconnu le premier ces œufs, soit qu'il ne les ait observés qu'après Sténon,

Swammerdam ou Van-Hom, paraît toutefois être le premier qui ait donné aux testicules de la femme le nom d'ovaires.

Ce célèbre anatomiste ayant souvent ouvert des femelles de mammifères, quelque temps après l'accouplement, et observé dans l'ovaire autant de déchirures qu'il comptait d'œufs dans l'intérieur de l'utérus, reconnut toute l'importance des vésicules ovariques qui, depuis ce temps, ont conservé son nom, et les regarda comme de véritables œufs. Toutefois, de Graaf avança à tort que le nombre des cicatrices de l'ovaire répondait exactement au nombre d'œufs fécondés.

Malgré toutes les objections qui s'élevèrent contre les observations de de Graaf, son opinion eut le plus grand retentissement ; car, disait-on, si les femelles des mammifères, si la femme elle-même produisait des œufs, le problème de la génération de l'homme se confondait avec celui de la génération des animaux ovipares, et sa solution en devenait facile.

De Graaf et ses partisans prétendirent que, dans le même ovaire, les œufs sont de différentes grosseurs, que les plus gros dans les ovaires de la femme ne dépassent pas la grosseur d'un petit pois, qu'ils sont très petits chez les jeunes personnes de quatorze à quinze ans ; mais que l'âge et le coït les font grossir, qu'on n'en peut compter plus de vingt dans chaque ovaire, que *ces œufs, fécondés dans l'ovaire par la partie spiritueuse de la semence*, se détachent et tombent dans la matrice par les trompes de fallope, où le fœtus est formé de la substance intérieure de l'œuf, et le placenta de la matière extérieure, que la substance glanduleuse qui n'existe qu'après une copulation féconde, ne sert qu'à comprimer l'œuf et à le chasser hors de l'ovaire.

Malpighi fit les observations les plus remarquables sur les ovaires, et parvint à découvrir l'existence de l'ovule.

Lorsque le corps jaune des ovaires, dit-il, est devenu de la grosseur d'un pois, il a en dedans, vers son centre, une petite cavité remplie de liqueur; quand il est parvenu à la grosseur d'une cerise, la cavité entière est pleine de liqueur. Dans ces corps jaunes, parvenus à leur entière maturité, on voit vers le centre un petit œuf avec ses appendices, de la grosseur d'un grain de millet, et lorsqu'ils ont jeté leur œuf, on voit ces corps épuisés et vides, ils ressemblent alors à un canal caverneux dans lequel on peut introduire un stylet, et la cavité qui s'est vidée peut renfermer un pois. Ces œufs, féconds ou inféconds à mesure qu'ils naissent, tombent dans les trompes et se rendent dans la matrice.

Valisnieri ne put découvrir l'œuf trouvé par Malpighi, et si bien décrit par cet observateur célèbre, mais il n'en admit pas moins son existence, combattue avec une sorte de ténacité par Buffon.

Valisnieri prétendait que dans l'ovaire de la première femme étaient contenus des œufs qui, non-seulement renfermaient en petit tous les enfants qu'elle a faits ou qu'elle pouvait faire, mais encore toute la race humaine, toute sa postérité jusqu'à l'extinction de l'espèce. Que si nous ne pouvons concevoir ce développement infini et cette petitesse des individus contenus les uns dans les autres, c'est, dit-il, la faute de notre esprit.

Cette théorie, toute exagérée qu'elle paraisse, n'est-elle pas grandement justifiée par l'histoire des pucerons et leur mode de génération.

ANIMALCULES SPERMATIQUES SPERMATOZOIDES.

Tel était le système adopté pour la fécondation par tous les philosophes, lorsqu'en 1677, peu après les travaux de de Graaf, une découverte nouvelle, qui aurait dû apporter la plus grande lumière dans l'histoire de la génération, vint au contraire l'obscurcir et renverser tout ce qui avait été dit jusqu'alors, pour rejeter les esprits dans la voie des hypothèses. Nous voulons parler de la découverte des animalcules spermatiques, découverte faite soit par Louis Hamm, jeune étudiant allemand, soit par Hœrtsœker, et qui fixa toute l'attention de Lœuwenhœk.

Le système de Valisnieri, à propos des ovules, fut remis sur le tapis à propos des spermatozoïdes, et l'on se demanda de nouveau si l'homme se forme postérieurement à la fécondation, ou s'il existe déjà tout formé dans la semence du mâle, comme on l'avait prétendu pour l'ovule de la femelle. La femelle se trouva donc dépossédée de la faculté de produire un nouvel individu, et on la regarda comme un terrain propre tout au plus à la germination; de sorte que, d'après ce nouveau système, l'homme était le dépositaire de toutes les générations à l'exclusion de la femme

Hœrtsœker alla plus loin que Leuwenhœk, et pour surenchérir sur les opinions du savant micrographe, il prétendit avoir trouvé des animalcules spermatiques semblables à l'homme pour la forme extérieure.

Un certain Plantade, secrétaire de l'Académie de Montpellier, écrivant sous le pseudonyme de Delampatius, bâtit sur ce système une plaisanterie aussi ingénieuse que caustique, il fit représenter des animalcules spermatiques, qui, après avoir quitté leur enveloppe, étaient de vrais corps humains. Cette fiction comique fut prise au sérieux par Buffon lui-même, malgré tout son esprit, et Andry en fit dans sa physiologie l'application la plus outrée.

Selon ce physiologiste, les animalcules de l'homme ont, comme le fœtus, la tête plus grosse que l'autre extrémité, ils rampent jusqu'à l'ovaire, ils s'insinuent dans l'un des œufs par le pédicule qui s'attache à l'organe; une fois entrés dans l'œuf, nul autre ne peut s'y glisser, soit parce qu'ils ont le soin de boucher entièrement le passage avec leur corps, soit parce qu'il y a, à l'entrée du pédicule, une soupape qui peut jouer lorsque l'œuf n'est pas absolument plein, et s'opposer au départ de l'animalcule, si fantaisie lui prenait de quitter l'œuf. L'animalcule devient alors embryon et se nourrit de la substance de l'œuf. Lorsque la matière de cet œuf commence à lui manquer, il s'attache à la face interne de la matrice pour vivre du sang de la mère.

Ce système, qui paraît une plaisanterie, fut émis avec beaucoup de sérieux par Andry, et Needham en fit l'application aux plantes. Ainsi se trouva renversé le système si rationel de l'ovologie humaine. Cependant, deux faits restèrent acquis à la science : *l'existence des animalcules spermatiques*, et *la possibilité de la formation d'œufs dans l'ovaire.*

OVOLOGIE HUMAINE.

Nous avons vu que le premier qui découvrit les œufs dans les ovaires des mammifères est *Sténon.*

Harvey, Vésale, Fallope, Riolan etc., en avaient donné la description, mais ils les avaient regardés comme inutiles à la fécondation, et ayant beaucoup d'analogie avec les hydatides.

Van-Horn aussi, fut le premier qui donna aux testicules de la femme le nom d'*ovaires*, et bientôt après lui, Régnier de Graaf formula nettement l'idée que les vésicules ovariques renfermaient des œufs, fondant son opinion sur ce que les vésicules ovariques ont la plus grande ressemblance avec les œufs contenus dans l'ovaire des oiseaux.

Sténon, pour confirmer cette opinion, fit de nombreuses expériences, mais il ne put parvenir à suivre ces œufs à travers les trompes jusque dans la matrice.

Aussi, un siècle après, Cruikshank, observant des œufs dans les trompes et les trouvant plus petits que les vésicules de de Graaf, conclut-il que ces vésicules ne pouvaient être de véritables œufs. Ce qui éleva de nouveaux doutes sur leur existence chez la femme.

Cependant, en 1825, MM. Prévost et Dumas crurent reconnaître des œufs sur l'ovaire d'une chienne. Ces œufs leur parurent sous forme de corps sphériques extrêmement petits renfermés dans la vésicule de de Graaf. Cette observation vint rappeler et confirmer les découvertes de Malpighi sur le même sujet.

Deux années plus tard, de Baer démontra, de la manière la plus positive, que l'œuf existe dans l'ovaire de la femme et des autres mammifères avant la conception.

Toutefois, voici ce que dit de Baer, d'après le répertoire de Breschet : « Quant à l'évolution de l'œuf contenu » dans la vésicule de de Graaf, elle diffère grandement de » celle de l'œuf des autres animaux, chez lesquels le » noyau de l'œuf sort tout entier de l'ovaire, non-seulement pour servir d'habitation au fœtus futur ; mais pour » se transformer lui-même en fœtus. Dans les mammifères, au contraire, la vésicule incluse dans la vésicule » de de Graaf, contient un vitellus plus développé et se » trouve être le véritable œuf par rapport au fœtus futur, » on pourrait dire que c'est l'œuf fœtal dans l'œuf maternel. »

De Baer ne crut donc trouver dans l'œuf qu'une vésicule comparable à celle contenue dans l'œuf des oiseaux, comparant l'œuf de l'oiseau dans son nid à la vésicule de de Graaf elle-même.

Coste, en 1834 compléta la découverte de de Baer. En démontrant l'existence d'une vésicule germinative dans l'œuf des mammifères.

L'ovaire de la femme renferme donc des œufs qui préexistent à toute fécondation, et entièrement assimilables aux œufs contenus dans l'ovaire des oiseaux.

Ainsi que nous l'ont déjà démontré les travaux de Malpighi, que nous avons décrits, les vésicules de de Graaf ressemblent à des kistes contenus en certain nombre dans la profondeur des ovaires ou à leur surface, et offrant des dimensions très variables, selon l'état de leur maturité. Ces vésicules, ou ces kistes, constituent autour de ces œufs un appareil destiné à les protéger, à favoriser leur maturation, et à effectuer leur expulsion spontanée.

Les œufs, en se formant dans l'épaisseur de l'ovaire, déterminent autour d'eux la formation de petites vésicules, qui, d'abord imperceptibles, ne sont formées que d'une mince membrane appliquée autour de l'enveloppe immédiate des œufs.

A mesure que les œufs se développent, les vésicules, en prenant du volume, se remplissent d'un liquide qui les distend progressivement au point de dépasser la surface de l'ovaire, où elles apparaissent sous forme de petites tumeurs parcourues par de nombreux vaisseaux, injectées de sang, et prêtes à déterminer la rupture des tuniques albuginée et péritonéale de l'ovaire.

Le volume des vésicules, à l'époque de leur maturité, est très considérable relativement à l'ovaire, qui ne présente ordinairement qu'une seule vésicule à ce degré de développement chez la femme.

Chez les femelles des autres mammifères, le nombre des vésicules, arrivées à maturité, dépend du nombre des petits qu'elles peuvent produire dans une seule portée.

L'enveloppe des vésicules de de Graaf se compose de deux membranes bien distinctes du feuillet péritonéal et de la tunique albuginée de l'ovaire, la membrane externe de la vésicule est plus forte, rétractile, et est constituée par une espèce de feutrage déterminé par la pression du liquide qui s'accumule dans la vésicule. La membrane interne est plus délicate et plus riche en vaisseaux sanguins, lesquels vaisseaux forment, après l'expulsion de l'œuf, la cicatrice volumineuse que l'on désigne sous le nom de *corps jaune*.

La vésicule renferme une espèce de dépôt granuleux d'un aspect membraniforme, composé d'une multitude de globules celluleux dont, à l'aide du microscope, on parvient à découvrir la paroi et le noyau. L'œuf est logé et en quelque sorte niché au milieu de ces granules dont il est parfaitement indépendant.

Le liquide qui remplit les vésicules est très abondant dans l'espèce humaine, au moment de la maturité de l'œuf. Ce liquide est clair et visqueux, s'échappant avec force de la vésicule quand on l'ouvre alors qu'elle est à maturité et par conséquent distendue, il entraîne avec lui alors l'œuf lui-même.

ŒUF HUMAIN.

L'œuf, examiné au microscope, est sphéroïde. Son diamètre est de 1/10 ou 1/7 de millimètre; il est environné d'une membrane transparente appelée *membrane vitelline*, renfermant une matière granuleuse, appelée *vitellus*, et une vésicule centrale très claire, appelée *vésicule germinative*.

MEMBRANE VITELLINE.

La membrane vitelline se présente sous forme d'un anneau clair, fort large, dont les contours se dessinent par deux lignes circulaires bien tranchées, l'intervalle étant tout à fait transparent. Bœr et Bischoff lui ont donné le nom de *zone transparente*. Coste l'a nommée *membrane vitelline*, pour marquer son analogie avec la membrane du jaune de l'œuf de l'oiseau. Cette membrane, douée d'une grande élasticité, est hyaline, sans texture déterminée.

VITELLUS.

Le vitellus est immédiatement adapté à cette membrane qu'il touche de toutes parts, il est composé de granules très fins en nombre infini, unis entre eux par une humeur visqueuse. Le vitellus est ce qui constitue le jaune dans l'œuf des oiseaux.

VÉSICULE GERMINATIVE.

La vésicule germinative est, comme son nom l'indique, une petite vésicule de 1/30 de millimètre de diamètre, excessivement fragile, transparente, et se détruisant si facilement après la mort, que Bœr ne l'avait jamais aperçue. Située au milieu des granules du vitellus, elle peut échapper au microscope, suivant la position de l'œuf sur le porte objet; car elle se trouve parfois en contact avec un des points de la membrane vitelline.

12

La vésicule germinative est sphérique, formée d'une enveloppe membraneuse et d'un contenu liquide, variable chez les divers animaux. Tantôt ce liquide, hyalin, transparent, est d'une pureté extrême, et n'est troublé par la présence d'aucun corpuscule solide; tantôt, au contraire, il renferme une certaine quantité de corpuscules dont le nombre et l'aspect diffèrent d'une espèce à l'autre. Certains physiologistes ont attribué une grande importance à ces corpuscules, qui ont été pour eux l'objet de nombreuses et minutieuses recherches ; mais en définitive, ce corpuscule, car il n'en existe le plus souvent qu'un, ne paraît jouer aucun rôle dans la vésicule germinative, et son existence semble se lier aux premières époques du développement de l'œuf; car il disparaît à l'époque de la maturité de l'œuf.

L'œuf humain ne diffère pas à beaucoup près, autant qu'on pourrait le croire, de l'œuf de l'oiseau; car, si dans ce dernier on fait abstraction du jaune ou vitellus qui est destiné à nourrir le nouvel embryon, comme la coquille à lui servir de matrice après la fécondation, il ne nous restera plus que les parties constitutives de l'œuf humain.

En effet, si l'on examine l'œuf d'oiseau à l'origine de son développement, son organisation paraît et est réellement identique avec celle des mammifères. L'un et l'autre sont constitués seulement par une membrane vitelline, renfermant une petite masse de granulations opaques, au sein de laquelle est logée la vésicule germinative. Mais alors que l'œuf des mammifères persiste dans son organisation primitive, l'œuf de l'oiseau ajoute à ces éléments primitifs une masse volumineuse de matière nutritive propre à nourrir l'embryon qui, plus tard, devra se développer dans son sein, tandis que l'œuf des mammifères reste invariablement réduit à l'élément germinateur.

La plus complète analogie existe donc entre la partie germinative de l'œuf de l'oiseau, abstraction faite de sa masse vitelline, et l'œuf humain; analogie qui reste un fait irrécusablement acquis à la science.

La formation des œufs dans l'ovaire de la femme commence bien avant la puberté, mais leur maturité se lie essentiellement à cette époque remarquable de la vie de la femme, époque sur laquelle elle manifeste son influence de la manière la plus remarquable.

Carus, le premier, annonça l'existence des œufs dans la vésicule de de Graaf, chez des filles qui venaient de naître, et les trouva jusque dans les ovaires des fœtus femelles.

Négrier (d'Angers) a de même signalé l'existence des vésicules de de Graaf dans les ovaires de très jeunes filles, et, dans un travail remarquable, ce savant professeur a décrit le développement que contractent ces vésicules avec l'âge.

Le nombre des œufs qui naissent dans l'ovaire et qui s'y développent complètement est bien supérieur à celui de ces œufs qui devront concourir à la reproduction.

Coste prétend que l'ovaire de la femme est aussi pourvu d'œufs que celui des mammifères les plus féconds, ce qui doit facilement se comprendre, la fécondation ne pouvant s'opérer chez les animaux qu'à certaines époques déterminées, tandis que chez la femme cette fonction physiologique peut s'accomplir sans aucune époque fixe et pour ainsi dire constamment, tant que s'accomplissent chez elle les phénomènes de la menstruation.

Un grand nombre des ovules renfermés dans l'ovaire avortent avant leur maturité et sont résorbés, d'autres arrivent à maturité et sont expulsés de l'ovaire en rompant les membranes de la vésicule et le feuillet péritonéal qui la recouvre.

Examinons maintenant comment s'opère un pareil travail physiologique.

CHUTE DE L'ŒUF.

La menstruation, comme nous allons le démontrer, se lie essentiellement au travail physiologique qui accompagne l'évolution de l'œuf dans l'ovaire de la femme.

Ainsi que nous l'avons déjà dit, les vésicules de de Graaf sont d'abord très petites, et confondues dans le tissu propre de l'ovaire. Négrier pense que ce premier degré de développement a un moment d'arrêt, jusqu'à ce qu'il s'en forme de nouvelles; puis en prenant de l'accroissement, elles apparaissent à la surface de l'ovaire, dont elles gagnent le bord libre, à mesure qu'elles approchent de l'état de maturité, elles paraissent de plus en plus transparentes à la surface de l'ovaire, et leur point le plus culminant ne présente bientôt plus qu'une membrane mince, susceptible de rupture à la moindre pression.

Les vésicules arrivées au terme de leur accroissement restent stationnaires, jusqu'au moment où elles doivent se rompre sous l'influence d'une surexcitation due, soit à la maturité de l'œuf, soit au rapprochement des sexes.

En effet, le rapprochement des sexes semble déterminer une affluence bien plus grande de liquide dans la cavité des vésicules qui paraissent alors distendus outre mesure. Aussi leurs parois amincies et arrivées au terme de leur distention, ne tardent pas à céder : se déchirant alors à l'endroit de leur point le plus culminant, elles se rétractent et expriment le liquide contenu dans leur cavité. Or, remarquons en passant que l'ovule occupe toujours dans la vésicule de de Graaf son endroit culminant, précisément où s'opère la déchirure.

Blumenbach compare cette rupture à celle d'un abcès arrivé à maturité et s'ouvrant spontanément. Le fluide exprimé par le retrait des parois vésiculaires, emporte avec lui l'œuf, qui, comme nous venons de le dire, se trouvait placé au sommet de la vésicule, au niveau par conséquent de la déchirure des parois vésiculaires. A ce moment le pavillon de la trompe de fallope vient saisir l'œuf et le dirige dans le conduit de la trompe.

La rupture vésiculaire, si nous adoptons la comparaison de Blumenbach, ne se fait donc pas brusquement, elle a lieu d'une manière lente et progressive.

Les membranes vésiculaires se déchirent les premières et donnent lieu à une petite extravasion sanguine au sommet des vésicules. Le péritoine ne cède que plus tard.

Négrier attribue la congestion générale des organes de la génération à la distention violente, et souvent douloureuse, dont les membranes et l'ovaire lui-même sont le siége dans ce phénomène physiologique ; le fait est que l'état congestionnel des organes de la génération dans cette circonstance doit être plutôt attribué à toute une série fonctionnelle coïncidente, qu'aux seuls phénomènes physiologiques qui se passent dans l'ovaire, phénomènes qui ne forment qu'une partie de cette série fonctionnelle. C'est ce que nous démontrerons.

Si nous adoptons l'analogie de Blumenbach, comparant la déchirure vésiculaire à celle d'un abcès à maturité, nous supposerons nécessairement qu'une cicatrice devra suivre cette rupture de la vésicule de de Graaf ; or, cette cicatrice a tellement occupé les physiologistes que nous ne pouvons la passer sous silence.

Quand l'ovule est sorti de la vésicule de de Graaf, le feuillet interne de cette vésicule, muqueux, non rétractile, épais, se trouvant en contact avec la portion de la couche granuleuse que n'a pas entraînée l'ovule, devient le siége d'une inflammation assez vive, se traduisant par une sorte de tuméfaction, et par la dilatation des vaisseaux qu'elle contient ; tandis que le feuillet externe de la vésicule, fibreux, élastique, commence à se rétracter, sans participer à l'inflammation.

La rétraction du feuillet externe, alors qu'il y a tuméfaction et inflammation du feuillet interne, détermine dans ce feuillet interne la formation de plis, qui, par leur accroissement, arrivent bientôt en contact et prennent à l'intérieur de la vésicule ovarique l'aspect de circonvolutions cérébrales. C'est ce boursoufflement du feuillet interne, et la rétraction du feuillet externe, qui donnent lieu à ce que les physiologistes appellent le corps jaune.

Ce travail inflammatoire de la vésicule commence à se manifester peu après la sortie de l'œuf. Lorsque cette expulsion est suivie de grossesse, la tumeur formée sur l'ovaire par cette inflammation est considérable et dure plusieurs mois. Les circonvolutions du feuillet interne finissent par se souder entre elles par l'effet de l'inflammation; et la cicatrisation du follicule devient enfin définitive. Alors le volume de ce follicule diminue : du rouge elle passe à une coloration plus sombre et enfin au jaune, puis enfin ce corps jaune lui-même durcit et finit par disparaître tout à fait.

Tel est le degré d'importance que l'on doit accorder au corps jaune des ovaires, contrairement à ce qu'ont avancé certains physiologistes qui lui attribuent un rôle beaucoup trop important.

Cependant, tout ce travail qui s'accomplit dans la vésicule de de Graaf n'a pas lieu d'une manière fortuite ; il est dû évidemment à un enchaînement de circonstances coïncidantes et nécessaires à la propagation de l'espèce, dont il est un des principaux phénomènes, mais comme nous allons le voir, ces phénomènes physiologiques s'opèrent indépendamment du rapprochement des sexes.

En effet, chez tous les animaux ovipares, la formation de l'œuf, son accroissement et son expulsion ont lieu spontanément et sans que l'accouplement du mâle et de la femelle soit nécessaire. Chez les poissons, les œufs sont expulsés indépendamment du mâle, et ils ne sont fécondés par celui-ci qu'après leur sortie du corps de la femelle, et alors que celle-ci est bien éloignée du lieu où elle a effectué sa ponte. Tous les jours nous voyons des poules pondre régulièrement malgré leur éloignement du mâle.

Cependant, faisant exception à cette règle incontestablement établie pour les animaux ovipares, on avait cru que la formation de l'œuf chez les mammifères, et chez la femme en particulier, ne pouvait dater que du moment où la liqueur séminale pénétrait dans les ovaires, sans s'expliquer du reste par quelle voie, ou par quel moyen cette pénétration pouvait avoir lieu.

Les travaux de de Graaf, ceux de Bœr, renversèrent cette théorie en démontrant l'assimilation complète des mammifères avec les ovipares pour ce qui regarde la reproduction.

En effet, leurs expériences, ainsi que nous l'avons déjà dit, prouvèrent de la manière la plus évidente que la femme a des œufs, que ces œufs préexistent dans l'ovaire à tout rapprochement sexuel, et qu'ils atteignent dans les ovaires eux-mêmes leur maturité la plus complète.

Cependant l'on croyait toujours que si le rapprochement sexuel et le sperme n'étaient pas nécessaires à la maturité de l'œuf, ils étaient au moins indispensables à sa chute. Les travaux récents ont encore éclairci ce problème, et l'on peut assimiler la reproduction chez les mammifères et chez l'homme à celle de tous les ovipares.

Coste, en 1837, exprima positivement l'opinion que chez les mammifères, l'œuf tombe spontanément de l'ovaire à l'époque du rut, que conséquemment la conception n'était pas seulement possible dans cet organe, mais encore dans tout le trajet de la trompe, selon l'époque plus ou moins rapprochée entre l'accouplement et l'expulsion de l'œuf. Ajoutons que, depuis, les expériences de ce savant physiologiste ont précisé de la manière la plus positive le lieu où peut s'opérer le lien de la conception : C'est un fait sur lequel nous reviendrons en temps et lieu.

En 1840, Négrier, en publiant ses recherches, fit observer qu'il avait trouvé le corps jaune sur des filles encore vierges, et nous avons vu que ces corps jaunes sont le résultat de la cicatrisation des vésicules de de Graaf après l'expulsion de l'œuf. Les observations de cet habile professeur avaient constaté en même temps la coïncidence de la rupture des follicules ovariques avec l'époque de l'écoulement menstruel; ce qui lui avait fait concevoir l'idée de la chûte spontanée de l'œuf à chaque menstruation. Les observations de Raciborski et les travaux de Coste, ont donné en quelque sorte force de loi à l'opinion admise de la chute spontanée de l'œuf chez les mammifères.

Bischoof, dont de nombreuses observations faites sur des chiennes et des truies, sans avoir préalablement permis l'approche du mâle, en examinant les ovaires à l'époque du rut, trouva constamment, soit des vésicules sur le point de se rompre, soit des corps jaunes sur l'un et l'autre ovaire, et des œufs dans les trompes. Ces observations vinrent encore appuyer les prévisions déjà émises par Négrier sur la coïncidence de la chute de l'œuf avec l'époque du rut, et il conclut avec certitude que, pendant le rut, les œufs se détachent de l'ovaire, sans accouplement préalable, descendent dans les trompes et même dans l'utérus où ils finissent par se détériorer, que conséquemment les corps jaunes se forment sur les ovaires comme dans le cas où il y a eu fécondation.

Revenant donc à l'analogie qui existe entre les actes génésiques de la femme et ceux que l'on venait d'observer sur les femelles des autres animaux mammifères, il reste suffisamment établi que, chez la femme aussi, l'œuf arrivé à la maturité peut s'échapper spontanément de l'ovaire, parcourir la trompe, arriver à l'utérus, et être expulsé au dehors s'il n'est décomposé avant son arrivée à l'orifice externe de la génération.

Cette loi étant posée, il n'est pas dit cependant que l'approche du mâle soit sans influence sur les actes physiologiques que nous avons passés en revue.

En effet, des recherches récentes de Coste prouvent que la présence constante du mâle auprès de la femelle hâte chez celle-ci le retour du rut; qu'en outre le coït hâte la maturation des œufs, et que sans être la cause essentielle de leur chute, il en active le moment et empêche leur avortement.

Le coït rend donc plus prompte la rupture de la vésicule ovarique, qui même à son défaut peut ne pas avoir lieu et avorter complètement, puisque la rupture de cette vésicule arrivée à maturité dépend d'un mouvement fluxionnaire qui accumule du liquide dans ce follicule. Il est donc positif que le coït et le sperme font office de stimulus et augmentent cette congestion ou la raniment même et deviennent ainsi cause de la rupture de la vésicule.

Lorsqu'il n'y a pas eu intervention du mâle à l'époque du rut, les œufs peuvent rester renfermés dans les vésicules, devenues elles-mêmes stationnaires et être entièrement résorbés par l'ovaire. Toutefois la chute spontanée est le cas le plus fréquent chez les sujets qui jouissent d'un état de santé suffisant pour permettre le jeu complet de l'organisme, et cette chute se fait à des intervalles variables chez les espèces, mais fixe pour chacune d'elles.

Nous venons de démontrer que les vésicules de de Graaf qui, comme nous ne devons pas le perdre de vue, renferment l'œuf, sont très développées chez les mammifères à l'époque du rut.

L'accroissement de ces vésicules coïncide avec l'époque de la puberté, et exerce sur le caractère de la jeune fille la plus grande influence. En effet, c'est à l'accroissement de ces vésicules, c'est à l'approche de la maturité de l'œuf que l'on doit attribuer cette vague inquiétude, cette agitation intérieure, insolite de la jeune fille, ressentant les premières impressions de l'instinct qui viennent jeter le trouble dans son âme innocente, ignorant encore les hautes fonctions auxquelles Dieu l'a destinée. La révolution qui s'opère alors dans l'appareil génital retentit donc dans l'économie toute entière chez la jeune fille.

Si nous considérons les femelles des autres animaux à cette époque remarquable, nous voyons la matrice et tout l'appareil de la copulation s'injecter, sécréter certains liquides et subir des changements qui les approprient au rôle important qu'ils sont appelés à jouer. A ce moment, de même que chez la femme, mais alors sans réserve, l'instinct de la reproduction s'éveille et devient si impérieux que les femelles, qui jusqu'alors évitaient les mâles, les recherchent et cèdent à leurs poursuites.

Mais l'accouplement fait cesser un pareil état, et la femelle perdant toute son ardeur, fuit le mâle et lui résiste obstinément jusqu'à ce que l'époque du rut soit revenue, ce qui d'ordinaire coïncide avec les saisons.

Plusieurs physiologistes, et parmi eux Staal, Linné, ont affirmé que le flux menstruel ne se rencontre pas seulement chez la femme, mais que chez toutes les femelles des mammifères, à l'époque du rut, on rencontre un écoulement entièrement analogue. Cet écoulement a été rencontré chez la baleine, voire même chez les femelles de certains poissons non mammifères, tel que la raie, la tanche, etc., etc.

Avant ces physiologistes, Aristote avait avancé qu'au moment du rut, les femelles des mammifères ont des règles; seulement que ces règles sont moins abondantes que chez la femme. Du reste, les physiologistes anciens regardaient le flux menstruel comme le plus curieux et le plus inexplicable des phénomènes du corps humain, tous s'accordaient à dire que la raison finale du flux menstruel était due à la nécessité de fournir une nourriture suffisante au fœtus pendant la grossesse. Certains attribuaient les menstrues à une prétendue influence de la lune sur le corps des femmes, c'était même autrefois l'opinion dominante.

Bonh attribuait la cause du flux menstruel à une pléthore. Freind crut que cette pléthore était due à une surabondance de nourriture, qui peu à peu s'accumule dans les vaisseaux sanguins; que les femmes ayant le corps plus humide que les hommes, cette pléthore se manifestait plutôt chez elles. D'après cet auteur, la station droite de la femme fait que la pléthore se manifeste chez elle à la partie la plus déclive et par conséquent à la matrice, où du reste, ajoute-t-il, les artères sont fort nombreuses.

Boerhaave et les autres physiologistes ont émis des opinions qui reviennent en substance à celle de Bonh et de Freind.

Lecat attribuait l'écoulement périodique à un certain ferment qui s'opère dans la matrice, et il attribuait à ce ferment la cause du désir naturel qui porte l'un des sexes vers l'autre. Cette opinion qui se trouvait sur la voie de la vérité n'a pu fixer les esprits à une époque où l'on ignorait entièrement les lois de l'ovologie.

Geoffroy-Saint-Hilaire et Cuvier avaient, eux aussi, observé que le rut, chez les animaux, est toujours accompagné d'un écoulement sanguinolent.

Les signes du rut varient selon les espèces. Chez les gallinacés, la crête se colore en rouge; chez les mammifères, la vulve se gonfle et laisse écouler une humeur muqueuse, odorante, qui attire les mâles. Chez les singes cette tuméfaction est accompagnée d'un écoulement sanguin assez abondant, ainsi que le constatent les observations de Buffon, Isidore Geoffroy Saint-Hilaire, Raciborski, Breschet, etc...

Un médecin de Surinam, qui possédait une femelle de singe, a remarqué qu'elle était sujette à un flux sanguin abondant qui durait trois jours et se renouvelait tous les mois; il ajoute que, pendant les trois jours que durait cet écoulement, cet animal était d'une lubricité extrême.

Chez les animaux domestiques, le retour du rut existe à des époques fixes, et est beaucoup plus fréquent que chez les espèces sauvages.

Haller, d'après de nombreuses recherches, a prétendu que les brebis non fécondées deviennent en chaleur tous les quinze jours, les vaches tous les mois, ainsi que les juments. Cuvier aussi a remarqué que les femelles non fécondées des buffles, des zèbres et des singes deviennent en chaleur tous les mois.

Après l'examen que nous venons de faire, plusieurs questions viennent se poser d'elles-mêmes. La femme est-elle soumise à la même loi que les femelles des mammifères?... Y a-t-il chez la femme une époque correspondant au rut?... Cette époque se manifeste-t-elle avec les mêmes caractères interne et externe?...

Nous avons vu que, chez la femme, les vésicules de de Graaf arrivent d'elles-mêmes à maturité comme chez les autres animaux; nous avons aussi vu que les corps jaunes se retrouvaient chez des filles encore vierges; donc les phénomènes internes correspondant à l'expulsion de l'œuf sont identiques chez la femme et chez les femelles des autres mammifères.

Quant aux phénomènes internes, nous avons vu que tous les physiologistes avaient observé un suintement périodique chez les femelles des mammifères en chaleur, suintement dont l'analogie avec le flux menstruel de la femme ne peut être révoqué en doute.

Maintenant, entre ces deux ordres de phénomènes intérieurs et extérieurs, existe-t-il la même coïncidence chez la femme que celle qui existe chez les mammifères?... Ces phénomènes sont-ils liés entre eux?... sont-ils toujours concommitants?...

Depuis la plus haute antiquité, il a été observé que les jeunes filles ne peuvent être fécondes qu'à dater de leur première menstruation. Hyppocrate prétendait que la conception est bien plus facile au commencement et à la fin de l'écoulement menstruel et même pendant cet écoulement. Boerhaave, Haller, ont été conduits, par leurs observations, à des opinions identiques. Enfin, Béclard regardait la menstruation comme le résultat d'une excitation générale des organes génitaux analogue à celle du rut et dont les ovaires étaient le foyer. Cette opinion a été soutenue depuis par Négrier.

Cet observateur distingué fut le premier, du reste, qui, laissant de côté toute analogie, s'appuya seulement sur l'observation de l'espèce humaine, et qui saisit le lien qui existe entre les fonctions des ovaires de la femme et la période menstruelle.

Les observations de Négrier furent confirmées par les travaux de Gendrin, Riciborski, etc... Pouchet démontra, par les preuves les plus rationnelles, toute l'analogie qui existe entre la menstruation chez la femme et le rut chez les mammifères. Coste est venu appuyer de ses travaux et de son autorité les opinions de ces physiologistes.

En étudiant les modifications que présentent les ovaires de la femme, relativement à la menstruation, voici ce que l'on observe dans la collection de Coste au Collége de France.

Chez une femme, morte le premier jour de l'invasion des règles, la vésicule ovarique était manifestement rompue; chez une autre, morte cinq jours après leur cessation, l'ovaire droit portait une vésicule encore intacte, mais tellement distendue, que la plus légère pression en fit éclater la paroi. Enfin, chez une jeune vierge, morte quinze jours après la menstruation, il n'y avait aucune trace récente de corps jaune; et l'on ne pouvait douter que la vésicule de de Graaf ne se fût arrêtée dans son développement. Ces femmes avaient succombé par suite de mort violente, et ayant toute la plénitude de leur santé.

Ainsi, une vésicule de de Graaf, dont la maturité coïncide avec la turgescence des organes génitaux, poursuit son développement pendant la menstruation, et selon les circonstances, elle peut se rompre ou dès le début, ou vers la fin, ou pendant l'accomplissement de cette fonction physiologiques. Toutefois, dans certains cas, cette vésicule peut aussi demeurer stationnaire ou être totalement résorbée.

Tels sont les phénomènes observés et dont l'analogie est parfaite avec ceux qui ont lieu chez les mammifères pendant le rut.

Comme le rut, pour les animaux, la menstruation est donc pour la femme l'époque naturelle de la chute de l'œuf, et par conséquent la plus favorable à la conception, ainsi que l'avait déjà observé Hyppocrate.

Maintenant nous devons ajouter qu'il existe incontestablement des circonstances capables de hâter la maturation et la chute de l'œuf. Il est bien certain, par exemple, que l'état de santé, toutes les conditions de salubrité etc... peuvent exercer une grande influence sur tous les phénomènes génésiques ; une bonne nourriture étend aussi bien son influence sur les organes de la reproduction que sur le reste de l'organisme, et il est bien clair que la jeune fille, fraîche et vermeille des campagnes, est, pour l'accomplissement du jeu organique, dans des conditions bien différentes et bien supérieures à la jeune fille étiolée et chlorotique des grandes villes.

D'un autre côté, les femmes de la société, par la fréquentation des bals, des spectacles, le contact de l'autre sexe, trouvent un excitant continuel pour l'accomplissement des phénomènes génésiques.

Ainsi au résumé, 1° chez la femme les œufs peuvent attendre spontanément leur maturité, et passer des vésicules de de Graaf rompues dans les trompes de fallopes : 2° la chute des œufs s'opère chez les femmes vierges aussi bien que chez celles qui ont commerce avec l'autre sexe : 3° le coït exerce une influence sur la maturation de l'œuf et sa chute ; mais en général le retour des époques où s'accomplissent normalement ces phénomènes se reproduisent d'une manière périodique, et s'accompagnent de signes extérieurs qui portent le nom de menstruation : par conséquent la maturation des œufs et leur chute se traduisent par l'éruption des règles.

MENSTRUATION.

On a donné le nom de menstrues à une excrétion de sang qui sort par la vulve, survient naturellement et presque sans exception à toute femme bien constituée, dès qu'elle a atteint l'âge de puberté; se reproduit tous les mois et se continue jusqu'aux approches de la vieillesse.

Les phénomènes de la chute de l'œuf, les manifestations extérieures du rut chez les animaux, tels que nous les avons décrits, ne nous laissent plus aucun doute sur l'analogie et les causes de l'hémorrhagie périodique à laquelle est soumise la femme.

Le premier fait caractéristique de l'invasion des règles est la manifestation d'une odeur particulière que contracte le mucus excrété par les organes sexuels. Cette odeur est absolument comparable à celle qui se manifeste aux parties sexuelles des femelles à l'époque du rut, et qui permet au mâle de la suivre à la piste.

Un autre phénomène vient bientôt décéler l'approche des menstrues, c'est le changement de couleur du mucus utéro-vaginal ; d'abord d'un blanc mat, il devient brunâtre. Quelques globules sanguins mêlés aux nombreux globules muqueux et aux fragments d'Epithélium, sont cause de cette coloration.

Cette première période dure un ou deux jours : tantôt elle précède l'écoulement sanguin d'une manière immédiate : Tantôt les symptômes qui la caractérisent disparaissent, et le mucus des organes génitaux redevient normal, puis le lendemain du sang presque pur s'échappe par la vulve.

Le sang excrété ne diffère pas du sang artériel mêlé à du mucus vaginal. Cet écoulement dure ordinairement trois ou quatre jours; mais chez plusieurs femmes il se prolonge pendant cinq, six et même huit jours.

Au commencement des règles, les globules sanguins prédomine sur le mucus; mais vers la fin, c'est le mucus qui prédomine, et l'écoulement passe alors du rouge au brun. Enfin le mucus devient plus épais et présente de nouveau les caractères qu'il avait présentés à l'invasion du flux menstruel.

Dans un mémoire lu à l'Académie des Sciences, séance du 21 octobre 1850, Coste a démontré que, chez toutes les femmes, pendant ou immédiatement après les règles, c'est-à-dire au moment où l'ovule est à l'état de maturation complète, la matrice est pourvue d'une membrane muqueuse tellement épaisse que, si la constance du phénomène n'était pas la garantie de son état normal, on supposerait qu'il s'agit d'un état morbide.

Cette membrane, formée en grande partie par des glandes s'ouvrant à sa surface interne par des orifices visibles à l'œil nu, a non-seulement une épaisseur d'un quart ou d'un tiers de la couche musculeuse, mais dans certains cas même, elle forme des circonvolutions ou des plis pressés les uns contre les autres dans la cavité utérine qu'elle oblitère presque entièrement.

Dans les cas de grossesse extra utérine, cette membrane muqueuse peut prendre des proportions bien plus grandes encore; elle forme alors des plis aussi volumineux que des circonvolutions cérébrales, et n'a quelquefois pas moins de 10 millimètres d'épaisseur.

D'après ces faits, il reste démontré que, toutes les fois qu'un ovule murit dans l'ovaire de la femme ou qu'il s'en détache, la muqueuse utérine subit une évolution qui la prépare à le recevoir.

Nous reviendrons plus tard sur ce phénomène physiologique.

D'après Pouchet, le dixième jour environ après la cessation des règles, on verrait tomber constamment un flocon albumineux élastique, d'une teinte opaline, produit par la membrane utérine dont nous venons de décrire la transformation, mais qui, d'après ce physiologiste, serait une véritable *decidua* se formant normalement dans la matrice après chaque période menstruelle et se détachant pendant chaque intervalle des règles, lorsqu'il n'y a pas eu conception.

Chez la femme, dit Coste, dans le mémoire déjà cité, la grossesse est normalement interstitielle. L'œuf descendu dans la matrice est enseveli dans les parois de la muqueuse hypertrophiée, il y grandit progressivement, et distend la loge qui le renferme : Cette loge se dilate à mesure et grandit aussi en proportion, faisant par son côté libre, une saillie de plus en plus prononcée dans la cavité utérine, et par le côté opposé tenant à la couche musculeuse. Sa portion saillante dans la cavité utérine devient ce que les anatomistes désignent sous le nom de feuillet réfléchi de la caduque. La portion qui tient à la couche musculeuse forme leur caduque sérotine ou utérine le reste de la muqueuse constitue leur caduque *pariétal ou utérine* : Ces trois caduques ont en effet la même organisation que la muqueuse utérine dont elles procèdent, et ce n'est que par le progrès du développement, quelles perdent les caractères de cette organisation.

Ainsi nous voyons, par cette dernière partie du mémoire de Coste, que le flocon albumineux dont parle Pouchet et qui s'échapperait de la vulve après les règles, ne serait que la muqueuse hypertrophiée et non un produit de sécrétion muqueuse analogue à celui fourni par les glandes de Naboth, comme le pense le savant physiologiste Longet.

Des douleurs plus ou moins vives, un sentiment de pesanteur dans les lombes et le bassin, de la lassitude dans les jambes, précèdent ordinairement l'invasion du flux périodique. On observe ordinairement une tuméfaction notable des mamelles, tout le système génital se trouvant généralement excité. Cette excitation, du reste, se fait sentir sur l'organisation toute entière ; aussi la femme éprouve un affaiblissement général, elle est plus sensible, plus impressionnable. A ce moment on voit ses yeux se creuser, et s'entourer d'un cercle livide, souvent même se joignent à ces phénomènes de véritables symptômes morbides.

La quantité de sang versée pendant l'écoulement menstruel varie de 200 grammes à 500. En général cette quantité est moindre chez les femmes mal nourries, d'une mauvaise santé, dont le sang est appauvri, que chez les femmes riches et vivant dans l'abondance : moindre également chez les femmes chastes que chez les femmes lascives.

Les Anciens prétendaient que le sang menstruel est fétide et vénéneux. Cependant Hyppocrate et Aristote avaient une opinion différente, et comparaient le sang menstruel à celui qui coule d'une victime. La malpropreté, la chaleur, ou un long séjour dans les organes génitaux peuvent seuls le rendre fétide.

Le sang menstruel provient des capillaires répandus à la surface de la muqueuse utérine. Chez des femmes mortes au moment où commence l'hémorrhagie on a trouvé la muqueuse utérine engorgée et présentant un nombre infini de petits points rouges, comparables à autant de piqûres par lesquelles suintaient des gouttelettes de sang. Cette muqueuse se trouvait en même temps parsemée çà et là de petites ecchymoses sous-jacentes à son épithélium. D'après Coste, c'est seulement quand des vaisseaux d'un assez gros calibre viennent à se rompre, qu'arrivent ces hémorrhagies qui mettent les jours de la femme en danger, nous sommes loin de partager cette opinion, et assurément les hémorrhagies utérines sont dues à toute autre cause.

En général, les règles reviennent chez un grand nombre de femmes à des époques fort régulières et jour pour jour. La valeur moyenne de l'intervalle entre chaque époque, serait, d'après de nombreuses observations, du vingt-septième au vingt-huitième jour.

Habituellement, vers quarante ans, du trouble provient dans la périodicité des menstrues, quelquefois des pertes surviennent qui sont suivies de longues suppressions, puis enfin tout disparaît.

D'après Brière de Boismont, les règles cessent de paraître de quarante à cinquante ans, il y a cependant des exceptions nombreuses, et l'on a vu des femmes encore fécondes à soixante-huit ans et au-delà. Haller parle de femmes fécondes à soixante-dix ans.

Haller prétendait que, si dans les pays méridionaux les femmes sont réglées plus jeunes, elles ont aussi à un âge moins avancé la faculté de concevoir; et par conséquent elles cessent plus jeunes d'être menstruées, mais des observations postérieures ont prouvé que cette remarque manquait de justesse. En effet, la menstruation dépendant de la maturation des œufs, il est certain que le bien-être de la vie et la bonne santé ont plus d'influence sur tout le système ovologique, que les climats dont l'influence est tempérée par la civilisation.

La gestation suspend les règles. Cependant il n'est pas rare de voir des femmes menstruées pendant tout le temps de cet accomplissement fonctionnel.

L'allaitement n'entraîne pas toujours la suppression des règles. Cependant les bonnes nourrices ne sont pas ordinairement menstruées, l'une de ces fonctions ayant une influence négative sur l'autre. Cependant, j'ai été à même d'observer que, si la femme n'est pas menstruée pendant l'allaitement, on doit plutôt l'attribuer à l'appauvrissement de l'économie résultant de l'accomplissement de cette fonction physiologique qu'à son influence négative sur la menstruation. En effet, ayant été souvent appelé à donner des soins à des nourrices épuisées par un allaitement trop fréquent, j'ai constamment remarqué que les ferrugineux, en rendant à ces nourrices leur bonne santé, ramenaient en même temps l'apparition des menstrues.

Il existe aussi des femmes qui, pendant toute leur vie, n'ont pas été réglées et ont eu pourtant plusieurs enfants.

Mais tous ces faits ne peuvent être cités que comme exceptions, et Négrier cite celui d'une femme engendrant sans menstruation, mais qui, à chaque époque précédant la grossesse, éprouvait tous les prodromes de la menstruation, elle rendait même, ajoute ce physiologiste, un liquide muqueux par la vulve.

BESOINS INSTINCTIFS.

D'après la description que nous venons de faire du jeu organique qui préside à l'acte le plus important de l'économie, celui de la reproduction de l'espèce, il reste bien démontré que cet acte doit constituer un besoin aussi impérieux que celui de la faim, de la soif et des autres fonctions de réparations et d'excrétions. En effet, à quoi servirait d'avoir établi, chez la femme et les autres animaux, la périodicité de phénomènes aussi compliqués que ceux de l'ovologie, si l'être chez lequel ils s'accomplissent ne devait pas ressentir le besoin d'en tirer parti ?... Celui qui a établi la périodicité de ces phénomènes génésiques devait donc la faire accompagner d'une appétence nécessaire à son utilité. C'est ce qui constitue l'entraînement irrésistible d'un sexe vers l'autre, lors qu'est arrivé l'époque de la puberté, entraînement qui est le sûr garant de la multiplicité de l'espèce.

Aussi, chez les animaux, la puissance du jeu organique sur l'instinct est-elle absolue; et si chez l'homme elle ne paraît pas telle, c'est qu'elle est tempérée par la raison qui combat chez lui l'appétence instinctive.

Rien ne peut mieux démontrer les deux natures de l'homme et sa supériorité sur les autres animaux que le jeu continuel des passions, et la répression qu'exerce sur elles l'empire de la raison.

Chaque homme a une passion dominante, et c'est toujours la plus difficile à corriger, dit Oxenstiern. La raison en est que cette passion est soumise à un système organique prédominant sur le reste de l'organisme. La raison seule peut réduire cette passion à l'état d'inclination, lorsqu'elle est appuyée d'une saine morale.

Il y a dans le cœur humain une génération perpétuelle de passions; en sorte que la ruine de l'une est presque toujours l'établissement d'une autre, et à mesure que les grandes s'éteignent en nous, les petites s'y allument d'avantage; de même qu'un sens se fortifie par la perte d'un autre. (La Rochefoucault). Ainsi l'ambition vient-elle remplacer l'amour.

Les passions, a dit Caraccioli, sont aussi utiles lorsqu'on les modifie, quelles sont pernicieuses lorsqu'on les laisse dans toute leur fermentation.

C'est en vain que nous cherchons chez l'animal les preuves d'un pareil combat, tout chez lui s'opère spontanément et sans remords comme sans préméditation. Le besoin, l'appétence brutale, sont les seuls mobiles de ses actes qu'il est entraîné à opérer par une force irrésistible. Aussi les obstacles à l'accomplissement de ses besoins instinctifs produisent la fureur, car une seule ligne lui a été tracée pour arriver à son but, vers lequel l'attire une attraction magnétique, surnaturelle et incomprise par lui. Sorti de cette ligne, il est égaré, il ne peut plus y rentrer de lui-même, de même qu'il n'a été provoqué à en sortir, ni par la réflexion ni par la raison.

L'homme, au contraire, sans cessé occupé à refouler ses appétences instinctives, ne se livre à l'accomplissement d'aucune fonction sans en avoir soumis l'opportunité à l'empire de la volonté.

Qu'adviendrait-il, grand Dieu!.... s'il en était autrement?... N'est-ce donc pas grâce au frein qu'il impose au cri de l'instinct que l'homme jouit de l'aptitude constante à la reproduction?.... le Créateur l'eût assurément privé de la constance d'une pareille faculté si, chez lui, elle n'eût dû être soumise à la raison, autrement l'abus qu'il en aurait fait et l'épuisement qu'il en eût éprouvé, l'en eussent bientôt privé complètement. Aussi les animaux ne jouissent-ils de la faculté procréatrice qu'à des époques déterminées.

C'est ce cri impérieux de l'instinct, lorsqu'il dépasse les limites de la simple inclination, que l'on est convaincu de désigner sous le nom de passions. Les passions, quoique nées d'un jeu organique régulier, nécessaire jusqu'à un certain point, n'en doivent donc pas moins être soumises chez l'homme à l'empire de la volonté qui doit en régler l'opportunité et l'accomplissement.

C'est à la réalisation d'une pareille loi que l'on a donné le nom de vertu. Plus la lutte contre l'instinct est grande et difficile, plus grands aussi sont les efforts de la vertu chez l'homme doué d'une volonté puissante et ferme.

Les grandes passions engendrent donc les grandes vertus, car plus le combat est violent, plus grande est la victoire. Heureux lorsque ces grandes luttes laissent à la raison toute sa lucidité, et ne portent pas l'esprit vers les pratiques d'un ascétisme exagéré.

Nous avons vu que, chez la femme, les œufs arrivaient d'autant mieux à leur maturation complète, que l'organisation et la santé étaient plus parfaites. En effet, il n'en peut être autrement pour les organes de la génération que pour ceux qui composent le reste de l'économie ; tous fonctionnent en raison de la constitution et de la force individuelle. Comme les autres organes, le groupe génésique est doué d'une activité qui entraîne après lui des besoins d'autant plus énergiques, que cette activité est plus grande en raison d'une organisation plus forte.

Les inclinations, et par suite les passions, ont donc leur source dans le jeu de l'économie, et ne doivent être considérées que comme un besoin organique, dont la raison doit régler les mouvements, au risque de tomber sous l'empire abrutissant de l'instinct.

Aussi le caractère de l'homme est d'autant plus élevé, qu'il sait mieux dominer ses sentiments instinctifs, dont la répression absolue constitue l'homme supérieur.

L'homme n'est pas le maître de faire naître à son gré les sensations, ni d'en empêcher absolument l'effet ; mais il peut les affaiblir ou les augmenter par la réflexion.

Ainsi, nous ne pouvons nous empêcher d'être affectés de plaisir ; cette opération des sens se fait sans notre participation ; mais la réflexion qui nous fait apercevoir que ce plaisir peut nous être nuisible, détruit cette première impression, et arrête l'effet de la sensation.

Toutefois, en donnant à la raison un empire plus ou moins absolu sur l'instinct, il était nécessaire que le Créateur accordât à celui-ci l'initiative de toute sensation, en soumettant le jeu organique à un ordre de nerfs tout particulier : autrement l'homme aurait à chaque instant tenté d'en troubler l'harmonie si admirable.

La volonté n'agit ainsi sur le jeu harmonique des organes que d'une manière secondaire et réfléchie.

Le grand jeu harmonique des organes, celui qui préside à la conservation de l'espèce, est même entièrement indépendant de la volonté. Ainsi il ne nous est pas permis d'arrêter le cours de la digestion, les mouvements de la circulation, &... &... et bien moins encore les fonctions d'un ordre secondaire, dont l'accomplissement n'est pas même perçu, la sécrétion biliaire, la sécrétion spermatique, &.... Cette vérité est accompagnée d'une autre non moins positive, c'est que nous ne pouvons nous empêcher de ressentir la faim, la soif, besoins qui se manifestent avec plus ou moins d'énergie, selon les constitutions, et les dispositions individuelles.

Le groupe génésique, comme le groupe digestif, a aussi ses nécessités, ses besoins, qui peuvent se faire ressentir aussi avec plus ou moins d'énergie, selon les dispositions individuelles, selon les constitutions.

La surexcitation morbide d'un groupe organique quelconque peut réagir sur les besoins dont il est le centre et en augmenter la force et la violence. Alors on a le triste spectacle de l'empire absolu des sentiments instinctifs, transformant en espèces de brutes les personnes assez malheureuses pour gémir sous le poids d'un joug aussi avilissant et aussi odieux.

C'est ainsi que se manifeste souvent le besoin instinctif de la copulation, poussé, jusqu'à la perte de la raison, chez des femmes douées d'une grande énergie d'organisation, coïncidant avec une irritation très vive des ovaires à l'époque de l'évolution de l'œuf. Cet état anormal constitue une véritable maladie que l'on désigne sous le nom de nymphomanie.

D'après ce que nous venons de dire, le jeu harmonique des organes présenterait donc deux aspects bien différents, selon l'état morbide ou normal des organes qui constituent les groupes de tel ou tel système physiologique.

C'est ainsi que la surexcitation nerveuse ou inflammatoire du système génésique modifie profondément les fonctions qui en dépendent. Toutefois il ne faut pas perdre de vue que, pour ce qui est de ce groupe, cette surexcitation se reproduit normalement d'une manière périodique, puisqu'elle accompagne l'évolution de l'œuf.

Cependant cette évolution peut s'opérer d'une manière plus ou moins facile; et il est bien positif que la plupart des accidents spasmodiques qui se manifestent à ce moment chez les femmes privées du coït, proviennent uniquement de la difficulté qu'éprouve l'œuf à franchir la vésicule de de Graaf qui, dans ce cas, est privée de son impulsion naturelle.

En effet, il n'est pas douteux que, si l'œuf arrivé à maturation complète vient à être résorbé au lieu de suivre sa marche naturelle, il doit en résulter pour la femme un état d'érétisme qui explique suffisamment ces accès nerveux qui caractérisent l'hystérie et même la nymphomanie.

Il est à remarquer, et cette remarque vient positivement appuyer notre opinion, que tous ces accidents spasmodiques se manifestent d'ordinaire chez les personnes du sexe qui vivent dans la plus grande réserve, et qui montrent le plus de retenue.

Ainsi les femmes qui vivent dans la privation, celles qui s'imposent des macérations, celles renfermées dans les cloîtres, sont celles qui offrent à l'observateur les plus fréquents exemples de ces affections nerveuses, et si nous nous rendons un compte exact de ce qui se passe à l'époque de l'évolution de l'œuf, nous verrons que cet état pathologique est en quelque sorte normal pour les personnes vivant dans de telles conditions.

En effet, que faut-il pour que l'œuf arrivé à maturité puisse suivre son évolution?... deux choses, nous l'avons dit, ou une constitution susceptible d'imprimer à l'organisme une marche régulière; ou une surexcitation sexuelle qui est le complément naturel des phénomènes qui s'opèrent à cette époque dans les organes génitaux de la femme.

Or, peut-il en être ainsi chez les vierges ou les femmes éloignées de la société, vivant dans la retenue, soumises à un régime qui altère la constitution au lieu de la fortifier, et chez qui tous les organes sont dans un état de langueur qui se communique à l'économie toute entière?... Non, assurément, aussi l'état d'érétisme qui accompagne la menstruation n'ayant point été suffisant pour produire la chute de l'œuf, reste stationnaire et réagit sur le système nerveux où il communique ce trouble, ces spasmes, ces vapeurs, si vous voulez, qui vont jusqu'à altérer la raison de la malheureuse personne qui en est atteinte.

Déjà, longtemps avant les derniers travaux sur l'ovologie humaine, on faisait coïncider les affections hystériques avec une inflammation partielle des ovaires. Tous les physiologistes connaissent cette observation d'une jeune fille qui, ayant succombé à un accès hystérique, présenta à l'autopsie un développement considérable d'une vésicule de de Graaf,

Toutefois, à ce moment, les opinions des savants, égarées dans le dédale des hypothèses, n'étaient pas encore revenues aux travaux si remarquables de Malpighi, tombés dans l'oubli.

FÉCONDATION.

Les phénomènes de la reproduction de l'espèce doivent se partager en trois actes parfaitement distincts. 1° Génération ; 2° Fécondation ; 3° Conception.

La génération est un phénomène général que nous venons de traiter et d'où émanent les deux autres.

La fécondation est un acte actif et, dans l'espèce humaine, résultant d'une volonté déterminée ; par conséquent, c'est un acte réfléchi.

La conception est au contraire un phénomène purement passif, s'accomplissant sans participation volontaire, et par conséquent un acte purement organique, ainsi qu'il résulte de tous les actes de la vie ganglionnaire.

La fécondation et la conception sont deux phénomènes tellement liés ensemble qu'il serait difficile d'en faire une description séparée, nous les décrirons donc tous les deux sous le titre de fécondation.

Après avoir passé en revue tous les systèmes anciens et modernes sur la génération, nous devons regarder comme incontestable, l'analogie qui existe à ce sujet entre la femme et les autres femelles des mammifères.

La fécondation est donc chez la femme le résultat de l'animation de l'ovule par le rapprochement des sexes.

L'acte par lequel s'opère ce rapprochement est désigné sous le nom de copulation, coït.

La copulation chez les mammifères et chez l'homme s'effectue par l'intromission du pénis dans le vagin.

La copulation est accompagnée d'une ivresse mentale, d'un sentiment de plaisir en rapport avec l'excitation préliminaire et l'attraction qui rapproche les deux individus. Le frottement des muqueuses génitales, et particulièrement du gland chez l'homme, du clitoris, des nymphes chez la femme, détermine une sorte de ravissement, de convulsion nerveuse comparée chez les Anciens à l'épilepsie.

Le sentiment vénérien, malgré ce qu'en pense Haller, qui accorde à l'homme l'avantage d'une excitabilité nerveuse plus étendue, est identique pour les deux sexes.

Aristote, Hyppocrate, Galien, et les écrivains de l'antiquité pensaient que la femme chassait des ovaires une liqueur séminale rencontrant celle de l'homme et formant l'embryon, cette prétendue liqueur séminale répandue par les femmes très-fortement excitées pendant le coït, n'est autre chose que le produit de sécrétions muqueuses provoquées dans le vagin et l'utérus par l'acte même de la copulation.

La copulation, pour être féconde, doit revêtir certains caractères essentiels. Ainsi elle doit coïncider avec l'éclosion de l'œuf, ou tout au moins avec la maturation de l'ovule, la fécondation s'opère donc principalement au moment le plus rapproché de l'apparition des règles.

Serait-ce à dire que la fécondation fût impossible hors ce moment critique de la femme?... Non, puisqu'un ovule peut rester sans éclosion dans l'ovaire, et même être résorbé d'une époque menstruelle à l'autre, or si la copulation avait lieu, la femme étant dans de pareilles conditions, la fécondation de cet œuf ainsi resté dans l'ovaire pourrait assurément s'effectuer.

Je dis donc que la fécondation a plus de chances aux époques plus rapprochées de la menstruation, sans pour cela être impossible dans l'intervalle.

La copulation est-elle un acte indispensable à la fécondation?... Non, si nous en croyons certains expérimentateurs.

Nous savons que, chez les plantes, la fécondation peut s'effectuer à distance considérable des organes sexuels différents, le pollen étant transporté par l'air au lieu de sa destination.

Les études pratiques de la pisciculture nous prouvent aussi que, chez les animaux à sang froid, le mélange seul de la matière prolifique avec les œufs produit leur fécondation.

Spallanzani féconda une chienne par l'injection, dans le vagin de cet animal, de trois grains de matière prolifique en suspension au milieu d'une certaine proportion d'eau.

Hunter, consulté par un homme atteint d'hypospadias, et dès lors impuissant, lui conseilla de recevoir le sperme dans une seringue et d'en effectuer immédiatement l'injection dans le vagin de la femme. L'expérience réussit. Toutefois ce fait, consigné dans le Journal général de Médecine, paraît avoir besoin d'être appuyé par bien d'autres semblables, pour que la fécondation artificielle puisse être définitivement admise dans l'espèce humaine.

De Graaf, Harvey, Fabrice d'Aquapendente n'ayant jamais rencontré de matière prolifique dans la série des cavités ultérieures, admettaient qu'une vapeur s'élève de cette liqueur sous le nom d'*Aura seminalis*, et pénétrant dans l'utérus, parvient seule aux ovaires pour effectuer l'animation des germes.

Un corps savant, venant en aide aux fourberies amoureuses d'une jeune princesse, assura que sa grossesse illégitime ne pouvait être que le résultat des émanations prolifiques d'un jeune berger livré aux plaisirs secrets dans un lieu voisin de ses promenades solitaires.

Averroës, Amatus Lusitanus, et Delrio, ont prétendu qu'une jeune femme devint grosse pour s'être baignée dans de l'eau où des hommes s'étaient pollués, qu'une autre femme avait été engrossée par les caresses d'une de ses compagnes qui sortait des bras de son mari, qu'une jeune fille se trouva grosse pour avoir dormi dans le même lit où un homme s'était pollué.

Mais ces histoires ont été inventées pour couvrir des amours impurs, et puis aujourd'hui que la science a pénétré une partie des mystères de la reproduction de notre espèce, ces opinions surannées ne peuvent plus arrêter notre esprit.

Toutefois, la fécondation peut être le résultat d'une copulation incomplète ; c'est ce qui peut arriver chez une femme vierge et devenant grosse sans avoir perdu la membrane de l'hymen.

L'intromission du membre viril n'est donc pas une chose essentielle à la fécondation?... Il suffit, en effet, que la liqueur prolifique arrive dans le vagin à portée de l'utérus.

La copulation pour être féconde doit-elle nécessairement être accompagnée de plaisir par l'un et l'autre sexe?... Ou bien n'est-elle qu'un acte passif et sans jouissance nécessaire à la fécondité pour la femme?..

Cette question, qui paraît facile à résoudre si l'on considère que la femme devient quelquefois grosse par le fait de violences qui lui inspirent la plus vive répulsion, demande cependant quelques réflexions.

En effet, l'excitation des organes génitaux est-elle soumise à la volonté?... Ou bien peut-elle s'opérer à la manière des fonctions organiques soumises à l'influence de la vie animale?... Là est toute la question, là est le vrai...

Je crois donc, et puis affirmer que la fécondation n'a jamais lieu sans que les organes génitaux de la femme aient été soumis à une excitation préalable, mais indispensable à l'accomplissement des hautes fonctions dont ils sont chargés ; et cette excitation, accueillie ou réprouvée, tout le monde le sait, est toujours une volupté ressentie, peut être regardée comme sacrilége par celle qui l'éprouve, repoussée même avec horreur, mais subie, qu'elle soit ou non volontaire.

L'utérus ne subit donc pas un rôle passif dans la fécondation, et ce grand acte ne pourrait assurément s'accomplir sans la participation essentielle de cet organe, dont le mouvement d'aspiration résultant de l'excitation qu'il éprouve, est nécessaire à l'ascension du fluide prolifique.

Les Anciens envisageaient la matrice comme un animal avide, se précipitant sur le sperme pour le saisir et le porter dans sa cavité ; sans admettre le fait en lui-même, nous en adoptons le résultat. C'est-à-dire que nous croyons à la réalité de cette importation ; car, pendant l'acte de la copulation, l'abaissement saccadé de la matrice venant en quelque sorte emboîter le gland est un fait certain, il est également certain que cet abaissement saccadé, accompagnant les sensations voluptueuses de la femme pendant la copulation, provoque à un tel point la sympathie de l'autre sexe, que l'émission spermatique s'opère à ce moment malgré les efforts de la volonté la plus puissante. Ce phénomène physiologique a été constaté par de nombreuses observations.

La fécondation implique donc de la part de l'utérus un certain mouvement d'aspiration indispensable à l'intromission de la liqueur prolifique dans ses cavités ; car, autrement, comment croire que le jet éjaculatoire pourrait parvenir, quelque violent qu'il fût, à introduire le sperme dans la cavité utérine, et bien plus, jusque dans ses annexes?.... Il est vrai que l'on a calculé le trajet que pourrait faire l'animalcule fécondant, dans un espace de temps déterminé. Mais que l'on réfléchisse à la substance même du sperme, aux mucosités dont est entouré l'animalcule, à celles qui lubrifient le col utérin et l'obstruent même, et l'on restera convaincu que, sans une part active de l'utérus, il est impossible que les spermatozoïdes puissent pénétrer dans sa cavité, et encore moins dans la cavité des trompes et au-delà.

La copulation constitue-t-elle un acte simple ou complexe?.... Ou bien doit-on envisager cet acte comme un acte purement matériel?.... Non assurément, car il est impossible de considérer cette sorte de délire, cet état convulsif de tout notre être, comme le simple résultat d'un phénomène matériel.

En effet, déjà par le rapprochement des sexes, les deux êtres se trouvent confondus : ils ne font qu'un corps ; le spasme nerveux qui résulte de cette union des deux sexes va bientôt confondre les deux essences, les deux âmes!..... Non, il est impossible de ne pas reconnaître dans l'acte de la copulation la confusion des deux êtres, des deux essences, des deux âmes. Là s'opère assurément le phénomène magnétique par excellence : l'homme vient confondre tout son être avec la femme, il l'anime d'un feu nouveau, d'une vie nouvelle; il lui donne une partie de lui-même, il l'enrichit de son fluide nerveux, il marie son âme avec la sienne, et cette confusion des deux essences a pour résultat l'animation d'un être nouveau, par le choc et la fusion de ces deux fluides électriques. Depuis que la physique a reveillé l'omnipotence de l'électricité et qu'elle en a fait le Protée de la lumière, du calorique, de la vie, &..., quelques physiologistes l'ont crue sur parole et n'ont pas craint d'avancer que l'animation du germe n'était qu'une excitation électrique. Un homme célèbre, autant séduit par ses hautes promesses, qu'entraîné par le désir de connaître la vérité, entreprit de féconder avec une pile galvanique des œufs de toute espèce d'animaux et différentes femelles en rut : il voulut rendre témoin de ses expériences un professeur non moins célèbre : Celui-ci, voyant son confrère diriger sérieusement et de toutes les manières les courants galvaniques sur des œufs non fécondés et dans des vagins qui demandaient autre chose, lui dit, en plaisantant : mon ami, ce n'est pas avec cette pile là que vous les féconderez; effectivement aucune fécondation n'eut lieu.

A cette excitation soudaine et convulsive, à ce délire des sens et de l'imagination, succède un collapsus général. Il semble que l'homme a perdu une partie de lui-même; la plus douce rêverie donne quelque chose de vague à l'esprit; une faible teinte mélancolique se répand légèrement sur toutes les facultés affectives; l'homme sent alors les conditions et le néant d'une existence dont il vient de détacher une étincelle.

Coste, dans son embryogénie comparée, avait d'abord pensé que l'ovulation spontanée permettait aux œufs d'être fécondés dans tout le trajet du canal vecteur, de nouvelles études l'ont conduit à un autre résultat.

Voici ce que ce savant physiologiste disait à l'Académie des Sciences, séance du 5 juin 1850.

« Tous les physiologistes professent aujourd'hui sur l'ovologie humaine, et sur le lieu où s'opère la fécondation, les opinions les plus erronées; ils croient, en se basant sur l'ovologie spontanée, que le fluide séminal pouvant rencontrer l'œuf dans un point quelconque du canal vecteur ou dans la matrice, ces œufs doivent être fécondés par ce fluide partout où cette rencontre a lieu.

» Cette manière d'aborder et de résoudre le problème leur a paru tellement décisive, qu'ils n'ont pas craint d'affirmer que, chez l'espèce humaine, non seulement la fécondation des œufs était possible dans tous les points de la longueur des trompes de fallope, mais encore dans la cavité de la matrice, huit, dix et même douze jours après que ces œufs se sont détachés des ovaires.

» Ils n'ont point réfléchi que, pour que cette détermination rationnelle eût le degré de rigueur qu'ils lui ont attribué, et qu'elle semble avoir, lorsqu'on n'examine pas les choses au fond, il y avait une question préalable à résoudre. Dans leur confiance en l'infaillibilité de ce nouveau moyen de solution, ils n'ont pas même prêté attention à certains signes qui auraient pu leur faire soupçonner les erreurs dans lesquelles une explication trop exclusive de la théorie de l'ovulation spontanée les faisait tomber.

» Frappé comme eux et avant eux des conséquences qu'on pourrait déduire de l'ovulation spontanée pour déterminer le lieu où s'opérait la fécondation, j'avais déjà, en 1837, exprimé l'idée de la possibilité que les œufs rencontrés dans le canal vecteur ou dans la matrice pussent y être avivés par le fluide séminal au-devant duquel ils marchent.

» Mais en exprimant cette idée, je n'avais point oublié que cette possibilité était subordonnée à un fait supérieur à celui de la conservation des œufs à un état d'intégrité qui les rendît capables de recevoir l'influence que la fécondation devait leur communiquer; or, c'est précisément là ce qui n'a pas lieu, et en voici la preuve.

» J'ai ouvert des femelles d'oiseaux et de mammifères, qui vivaient séparées des mâles, je les ai ouvertes dix ou douze heures seulement après que les œufs tombés spontanément des ovaires, étaient entrés dans le canal vecteur, et déjà ces œufs, que la fécondation n'avait point influencés, présentaient des signes si évidents de décomposition, que la cicatricule ou le vitellus en étaient sensiblement déformés.

» Si donc, après un séjour aussi peu prolongé dans l'oviducte, et quand ils n'ont pas encore parcouru la première partie de ce canal, les œufs commencent à se décomposer, il est évident qu'ils ne sont plus alors susceptibles d'être avivés par le contact du fluide séminal, et que la fécondation ne peut, par conséquent, s'opérer qu'au-dessus du lieu qu'ils occupent, c'est-à-dire dans l'ovaire, dans le pavillon, et peut-être aussi dans le tiers supérieur de l'oviducte; mais partout ailleurs, dans les trompes ou dans la matrice, leur décomposition étant plus avancée, le phénomène ne saurait s'accomplir. »

Voilà donc le lieu de la fécondation bien précisé par le premier des ovologistes modernes, qui a reproduit ici une opinion déjà émise par Haller qui, lui aussi, avait trouvé le sperme sur les ovaires.

Maintenant, nous avons dit que la copulation constituait un phénomène complexe, nous avons essayé de décrire le phénomène surnaturel, magnétique, résultant du choc des deux êtres, des deux âmes s'unissant, se confondant en quelque sorte pour animer un nouvel être.

Cependant, un phénomène autre, tout matériel, et dont les résultats peuvent être analysés dans toutes leurs phases, mérite de fixer l'attention des observateurs.

Nous venons de voir que les physiologistes étaient parvenus à découvrir le lieu précis de la rencontre du fluide séminal avec l'œuf. Comment ce phénomène peut-il s'accomplir?...

Nous avons déjà dit que, dans l'acte de la copulation, que la femme se livrât au plaisir, ou que cet acte s'accomplît malgré sa volonté, la matrice n'en pouvait pas moins éprouver une excitation spontanée, en dehors de toute volonté, qui devait servir à l'accomplissement des phénomènes de la fécondation.

Ce fait de la fécondation, sans participation volontaire, est tellement certain, que l'on a vu des femmes évanouies, voire même en léthargie ou en état de mort apparente, concevoir à la suite d'une copulation subie pendant cet état morbide.

Tous les physiologistes citent l'histoire de cette jeune personne tombée en état de mort apparente, et qui avait été ensevelie afin que le lendemain on procédât à son inhumation. Vers le soir survint un jeune moine demandant l'hospitalité, et qui, en apprenant le malheur survenu dans la maison, s'offrit à la famille pour prier pendant la nuit auprès de la défunte.

Demeuré seul, le moine eut la curiosité de découvrir le visage de celle qu'il croyait morte; mais, frappé de sa grande beauté et des charmes qu'offrait ce prétendu cadavre, obéissant au démon de la concupiscence, il assouvit sa passion et disparut.

Mais cette disparition ne fut pas remarquée, car lorsque le lendemain, en entrant dans la chambre funèbre, on s'aperçut que la prétendue morte existait encore, la joie fit tout oublier. Le retentissement d'un pareil prodige alla trouver le jeune coupable jusqu'au fond du cloître.

Cependant, quel ne fut pas l'étonnement et l'inquiétude de la jeune fille, lorsqu'au bout de quelques mois, elle ressentit les premiers mouvements d'un fruit qu'elle avait recueilli sans participation volontaire et à son insu. Ni sa famille, ni elle encore bien moins, ne voulaient se rendre à l'évidence d'un phénomène qui leur paraissait au moins aussi prodigieux que le premier; lorsqu'arriva au logis le jeune novice, qui, par un aveu complet, fit connaître un crime dont il offrit la réparation qui fut acceptée.

Quel est le résultat physique de la copulation?

J'ai déjà dit que, dans l'acte de la copulation, volontaire ou subie, la matrice éprouvait toujours, lorsqu'il y avait grossesse consécutive, une excitation utérine, perçue ou insensible, qui avait présidé à l'acte de la conception.

Cette opinion était celle des Anciens qui, eux, croyaient que la conception était toujours accompagnée du plus vif sentiment de plaisir : Hyppocrate, Galien, et tous les physiologistes, jusqu'à nos jours, ont cru qu'il n'y avait jamais conception sans participation simultanée au plaisir, de la part de l'un et de l'autre sexe.

Les physiologistes modernes ont rejeté cette opinion ancienne, un peu forcée, il est vrai, mais bâsé sur l'observation. Les conceptions artificielles les ont induits en erreür; ils ont perdu de vue qu'il n'y avait aucune analogie à cet égard entre les quadrupèdes mammifères et la femme.

En effet, il est impossible de toucher aux parties génitale d'une femelle de quadrupède, lorsqu'elle est en chaleur, sans lui faire éprouver une vive sensation de volupté qu'elle exprime en se prêtant de la meilleure grâce aux titillations exercées, que ce soit par un corps étranger ou par la verge du mâle, peu lui importe; chez elle, il n'existe aucune illusion, aucun travail d'imagination, il n'y a que la perception physique, laquelle sera aussi vivement sentie par un moyen que par un autre, et tout aussi efficace pour la conception, pourvu qu'elle procure à l'utérus le mouvement péristaltique nécessaire à l'accomplissement de ses fonctions mystérieuses.

Peut-il en être ainsi chez la femme?... On a bien parlé d'un fait, que j'ai cité plus haut, d'une conception sans coït, chez une femme dont le mari avait un hypospadias. Mais cette observation est-elle bien avérée? et puis, en tout cas, cettte femme était sans doute encore sous l'influence de l'émotion, éprouvée dans le coït, qui avait procuré l'éjaculation du mari.

Il ne peut donc être établi, quant à la fécondation artificielle, aucune analogie entre la femme et les autres femelles des mammifères ; car la femme ne peut concevoir sans que les organes génitaux éprouvent une certaine turgescence nécessaire à l'accomplissement de leurs fonctions génésiques. Or, tout moyen artificiel ne peut qu'être l'objet d'une répulsion invincible pour la femme.

J'ai déjà démontré qu'il serait impossible, sans une participation physique de la matrice, que l'intromission du sperme s'effectuât jusque dans l'utérus et au-delà par l'éjaculation, qui se fait chez certains animaux, plutôt par une sorte de suintement que par jet, ce qui arrive également, le plus souvent, chez l'homme. A plus forte raison, que les animalcules spermatiques arrivassent dans la matrice, et qu'une fois arrivés là, ils choisissent positivement la route qui doit les conduire le plus directement aux ovaires à travers un conduit qui admet à peine le passage d'un cheveux. Pour qu'un pareil phénomène s'effectuât ainsi par le seul fait de l'éjaculation, et sans une part active de l'utérus, ne faudrait-il pas admettre le système de Delampatius.

Il faut donc rejeter, à ce sujet, toute hypothèse et admettre que celui qui a su faire coïncider, dans les fonctions génésiques, l'apparition du flux menstruel avec l'éclosion de l'ovule, a aussi accordé à l'utérus, dans l'acte de la copulation, un rôle actif qui lui permet de conduire le dépôt spermatique au lieu de sa destination.

C'est, en effet, cet acte mystérieux qui résulte de l'état de turgescence de tout le système génésique, c'est ainsi que le sperme est aspiré par l'utérus dont on sent le col s'abaisser sur le gland qu'il semble emboîter. C'est pendant ce même acte que s'accomplit aussi l'abaissement du pavillon des trompes sur l'ovule qu'il vient presser et dont il exprime en quelque sorte l'œuf qu'il recueille et qu'il rapporte fécondé ou non dans la matrice.

Il faut donc établir en principe que la matrice, surexcitée, soit par l'action du coït, soit seulement, ainsi que l'ont avancé certains physiologistes, par la présence du sperme déposé au fond du cul du sac vaginal, où il se trouve en contact avec le museau du tanche, aspire, par un mouvement de turgescence et péristaltique, la matière séminale dont elle livre la partie vivifiante à ses annexes qui, par le même mouvement péristaltique, la conduisent jusqu'aux ovaires où nous avons vu que pouvait s'effectuer la fécondation de l'œuf.

Nous avons vu que la partie vivifiante du sperme n'était rien moins que des animalcules spermatiques; mais le sperme contient-il toujours les animalcules spermatiques?... Non, des expériences récentes ont prouvé que le sperme des animaux n'en était pourvu qu'à l'époque du rut.

On avait pensé que ces animalcules étaient le résultat d'une production spontanée, mais il n'en est rien. A l'époque du rut, si l'on examine le sperme d'un animal, on voit clairement les spermatozoïdes nageant au milieu de globules d'où ils semblent éclore; car on aperçoit aussi une partie de ces animalcules à moitié sortis des globules.

Mais d'où viennent eux-mêmes ces globules? .. C'est ce que l'étude n'a encore point découvert. Le champ reste donc libre à toute hypothèse.

Faut-il croire que ces globules, qui semblent être les œufs dont éclosent les animalcules, soient le résultat de l'accouplement des spermatozoïdes de sexes différents? ou bien faut-il admettre la préexistence de ces globules, comme on avait d'abord adopté, en principe, celle des animalcules qui en sont nés?

Omne ex ovo, a dit Harvey; on doit en déduire cette autre règle : *omne ex coïtu*, et l'analogie porte à croire que cette sentence est encore applicable ici, et qu'il en est des animaux infiniment petits comme des plus volumineux. C'était l'avis du père de la médecine, lorsqu'il disait : *Quonam enim pacto unum, cum existat, aliquid generabit, nisi cum aliquo misceatur.* (*De natura hominis.*)

Quoi qu'il en soit, ainsi que je le disais plus haut, les quadrupèdes, dont le sperme est en tout temps chargé de globules, n'offrent d'animalcules qu'à l'époque du rut; il n'en est pas de même chez l'homme dont le sperme, à toute époque de la vie, contient ces mêmes animalcules; égalant en cela la femme, dont les ovaires sont en fonction depuis l'époque de la puberté jusqu'à l'âge de retour.

Cependant, il peut exister quelques cas où la puissance fécondante de l'homme est atteinte dans son principe, soit que l'économie se trouve sous l'influence de certaines affections spécifiques, du virus vénérien, par exemple; soit que l'individu se trouve étiolé par la maladie ou une organisation languissante, ou bien encore par une trop grande émission de semence; car le sperme demande, pour son élaboration, un certain séjour dans les réservoirs séminaux où s'opère, disent certains physiologistes, l'éclosion des spermatozoïdes.

La plus ou moins grande appétence au rapprochement des sexes semble dépendre, chez l'homme, du plus ou moins grand nombre d'animalcules contenus dans le sperme; mais cette faculté dépend bien plus encore d'une constitution forte et robuste.

La quantité du fluide spermatique peut être augmentée, au moment du coït, par une excitation préalable, aiguisée par les caresses passionnées échangées entre les deux sexes; il en est de même pour la femme dont la surexcitation des organes génitaux externes réagit sur les ovaires dont elle active les fonctions.

Les matrones des derniers siècles ne faisaient pas autre chose qu'obéir à cette loi, lorsqu'elles surexcitaient par des titillations obscènes les organes génitaux des pauvres filles hystériques.

Le coït, trop souvent répété, est encore une cause d'absence des spermatozoïdes dans le sperme, et, dans ce cas comme dans ceux d'épuisement et de langueur, il y a non seulement absence des spermatozoïdes, mais aussi des globules, le sperme alors ressemblant à une simple sécrétion muqueuse sans caractère distinct.

Je ne m'aventurerai point dans les hypothèses des physiologistes recherchant le principe des globules, comme ils avaient recherché celui des spermatozoïdes, et se confondant dans les discussions interminables de l'emboîtement des germes ou de la préexistence.

Que l'orgueil de l'homme, être fini, s'abaisse donc devant les chefs-d'œuvre de l'infini.

La copulation peut-elle étendre son influence fécondante sur plusieurs ovules?... Assurément, et c'est ce que prouvent les couches multiples, assez fréquentes, ainsi que le démontre le tableau des naissances établi à cet effet par le professeur Adelon. Ce tableau présente les résultats suivants : *Deux enfants,* une fois sur 80; *trois enfants,* quatre fois sur 35,000.

M. Lepelletier, de la Sarthe, dans sa Physiologie, cite une mère de vingt-trois enfants ayant présenté neuf parturitions doubles; une autre accouchée de trois enfants bien constitués, ayant tous vécu; une autre accouchée de quatre enfants faibles, morts en naissant.

Marie-Anne Collin, âgée de trente-neuf ans, femme de Pierre Lallemand, vigneron de St-Remi (Meuse), donne le jour au sixième mois de sa première grossesse, le 22 avril 1766, à cinq filles vivantes, d'une ressemblance parfaite, baptisées, et qui succombèrent en revenant de l'église.

Sophie Bomiers, femme de Martin Lobéki, de Krueknbek, en Poméranie, fut mère de onze enfants par trois gestations, ainsi réparties : le 4 septembre 1728, quatre enfants; le 20 mars 1729, trois filles; six mois après, avortement de quatre fœtus; aucun de ces enfants n'a vécu.

Josépha Navarro, de Carragente, dans le royaume de Valence, accoucha successivement de sept enfants d'une même grossesse; aucun ne paraissait à terme : les 3, 4 et 5 juillet 1824, un garçon et deux filles; le 6, le 8, trois filles; le 9, un garçon, dix jours après, la mère se trouvait dans un état de santé parfaite.

La maturité de plusieurs ovules peut donner à la femme cette faculté de procréer des jumeaux, sans pour cela que le sperme du père possède une plus grande activité fécondante. Cependant Ménage cite l'histoire d'un homme dont la femme eut vingt-un enfants en sept parturitions, et qui, plus tard, en fit trois à l'une de ses domestiques.

Jacques Kiniloff, de Wendeskeo, gouvernement de Moscou, présenté à l'impératrice vers l'âge de soixante-dix ans, était alors père de soixante-douze enfants, issus de deux mariages. Sa première femme en avait eu cinquante-sept en vingt-un accouchements, dont quatre quadruples, sept triples et dix doubles. La seconde, qui l'accompagnait lors de sa présentation, en avait déjà eu quinze en sept gestations : une de trois, six de deux.

Les superfétations prouveraient que la copulation peut être féconde, même après la fécondation d'un premier ovule, et alors que la matrice contient un fœtus en voie d'accroissement.

Une femme de Charlestown, accouchant vers le terme ordinaire, mit au monde deux enfants, l'un blanc, l'autre noir, fut obligée d'avouer que, le même jour, elle avait eu des rapports, le matin avec son mari, et quelques heures après avec un nègre.

Eissennemann, de Strasbourg, a vu des accouchements dans lesquels deux enfants sont venus morts à quatre mois et demi d'intervalle ; Desgranges, de Lyon, cite des faits à peu près analogues.

Cassan parle d'une femme de quarante ans, accouchée, le 15 mars 1810, d'une petite fille, et d'un autre enfant le 12 mai suivant

Toutefois nous croyons, tout en citant ces faits, pouvoir les classer au nombre des naissances tardives, du moins quant à ces derniers faits, admettant parfaitement ceux analogues à la femme de Charlestown.

Il n'entre point dans mon sujet de traiter ici de la confusion des embrions dans un seul, comme on l'a vu dans les frères siamois, ainsi que l'a offert le monstre bicéphale né à Sassori, en Sardaigne, le 12 mars 1827, et mort à Paris à l'âge de dix-huit mois.

Je m'abstiendrai également de parler de l'emboîtement des germes, ainsi que l'a décrit Dupuytren dans l'observation de Bissieu.

Chez les ovipares, une seule copulation peut suffire pour plusieurs pontes, qui se font de suite et qui peuvent s'étendre jusqu'au vingtième jour, suivant l'observation de Harvey.

Chez les abeilles une seule fécondation suffit pour deux années, selon Huber.

Chez d'autres animaux l'effet d'une seule copulation s'étend jusqu'à douze, treize, quatorze et même quinze générations, pendant lesquelles on ne voit pas paraître un seul mâle : tels sont les pucerons et les monocles.

Chez les mammifères, et chez la femme, en particulier, il ne peut en être ainsi que chez ces insectes. Cependant, il est positif que, par la copulation et la fécondation, la femme est susceptible de subir une sorte d'imprégnation qui peut transmettre les mêmes caractères à plusieurs enfants différents, nés de fécondations postérieures et de pères différents.

Voici un fait assez curieux à l'appui de cette assertion qui ne devrait pas paraître si extraordinaire, si on se rendait un compte bien exact de l'effet de l'imprégnation chez les ovipares.

Une dame avait, pendant une absence prolongée de son mari, contracté une liaison adultère; malheureusement, elle devint grosse, et toutes les précautions durent être prises pour cacher cette grossesse coupable. L'accouchement eut lieu, et ne fut connu que d'une femme dévouée au service des deux amants; mais, chose remarquable, l'enfant apporta, en naissant, tous les caractères physiques du mari et d'un frère aîné qui ressemblait au père légitime. L'amant avait les cheveux noirs aussi bien que la femme, et l'enfant, ainsi que son aîné, avait les cheveux rouges du mari absent, et ainsi des autres attributs.

Ce fait, qui n'est pas unique, prouverait assez l'influence des fécondations précédentes sur l'imprégnation des ovules non encore parvenus à leur maturation. Mais, d'un autre côté, nous sommes à même tous les jours d'observer les types de famille transmis de génération en génération, et souvent par des sujets eux-mêmes étrangers, non seulement à ces types, mais même aux familles. Ainsi telle femme mettra au monde un enfant qui deviendra le portrait frappant d'un grand parent de son mari, qui, lui-même, n'a aucun rapport de ressemblance avec ce grand parent.

Je vis en 1833, en Anjou, dans un village nommé St-Clément-de-la-Place, un jeune enfant de douze ans, ayant six doigts parfaitement conformés à chaque membre. Ayant eu l'occasion d'accoucher une des parentes de cet enfant, au quatrième degré, elle mit au monde un enfant avec un doigt supplémentaire à la main droite.

Du reste, il n'est pas un médecin qui ne puisse citer un ou plusieurs cas de vices héréditaires.

Une famille du Louroux-Béconnais (Maine-et-Loire) est composée de six personnes : un père n'ayant que deux doigts à chaque membre, une mère bien conformée, quatre enfants, dont deux ayant la conformation du père, et les deux autres ayant la conformation normale de la mère.

Parlerai-je ici de l'influence des impressions maternelles sur le fruit de la conception?... Sans aller à la recherche de faits surannés, ne pourrais-je pas citer des observations à la portée de tout le monde. Les ouvrages publiés récemment par MM. Duport et de Frarière sont remplis de citations curieuses sur ce sujet.

Le roi Jacques, dont la mère avait vu assassiner sous ses yeux un amant chéri, ne put jamais voir, sans défaillance, une épée nue.

Une dame Lachaise, bijoutière, rue St-Laud, à Angers, et qui s'en alla, en 1818 ou 1820, mourir avec son mari à Cayenne où ils allaient chercher fortune, avait, étant grosse d'un premier enfant, l'habitude de faire l'aumône à un certain mendiant, ancien charpentier, qui n'avait qu'un bras ; le terme de la grossesse étant arrivé, elle eut la douleur de donner le jour à une petite fille qui, elle aussi, n'avait qu'un bras.

J'en appelle, pour la vérification du fait, à tous ceux qui ont connu cette famille malheureuse, et surtout aux deux frères Lemercier, oncles de l'enfant, l'un est médecin à Angers, l'autre est avoué près le tribunal de Segré,

(Maine-et-Loire). Cette petite fille fut, après la mort de ses parents, élevée par le gouverneur de Cayenne ; j'ignore si elle vit encore.

M. de Frarière cite le fait d'un petit garçon, né en Suisse, sans main, par suite d'une impression ressentie par la mère à la vue du même phénomène.

Il cite également l'histoire d'une jeune Italienne, qui, par la même cause, portait sur l'épaule une chauve-souris, les ailes étendues, parfaitement calquées, avec son duvet et sa couleur naturelle.

Quelle explication chercher à ces faits?... Je n'en cherche pas, je les constate, voilà tout.

GESTATION.

La copulation effectuée, l'homme devient complètement étranger aux phénomènes organiques ultérieurement indispensables à l'accomplissement de la génération. La femme seule reste chargée de ces soins importants. Pour le premier, la copulation est une fonction momentanée qu'environne les attraits de la volupté ; pour la seconde c'est un acte plus durable, offrant le mélange bizarre des charmes du plaisir et des angoisses de la douleur.

Ainsi que la démontré Coste : L'œuf fécondé dans l'ovaire ou la partie supérieure des trompes, descend dans la matrice où il est enseveli dans la paroi de la muqueuse hypertrophiée : il y grandit progressivement et distend la loge qui le renferme. Cette loge se dilate à mesure et grandit aussi en porportion, faisant par son côté libre, une saillie de plus en plus prononcée dans la cavité utérine, et par le côté opposé tenant à la couche musculeuse. Sa portion saillante dans la partie utérine devient, ainsi que nous l'avons déjà dit, ce que les anatomistes désignent sous le nom de feuillet réfléchi de la caduque; la portion qui tient à la couche musculeuse forme leur caduque sérotine ou placentaire, le reste de la muqueuse constitue leur caduque pariétale ou utérine, ces trois caduques ont en effet la même organisation que la muqueuse utérine dont elles procèdent, et ce n'est que par le progrès du développement qu'elles perdent les caractères de cette organisation.

Mais déjà commence pour la femme une série de troubles nerveux anormaux et sympathiques qui viennent l'avertir de l'accomplissement de ses fonctions nouvelles.

Il n'existe aucun signe certain auquel on puisse reconnaître qu'une femme a conçu. Cependant celles qui ont eu plusieurs enfants s'aperçoivent assez souvent que l'acte vénérien auquel elles viennent de se livrer a produit en elles la fécondation; mais ce n'est que d'après des circonstances vagues et fugitives plus faciles à sentir qu'à décrire, tel qu'un léger frissonnement qui survient pendant ou immédiatement après la copulation, suivi d'une sorte de malaise ou de contraction spasmodique dans le bas ventre.

Hyppocrate indique deux signes pour reconnaître si une femme a conçue: *mulier, ubi concepit, statim inhorrescit ac dentibus stridet, et articulum reliquum que corpus convulsio prehendit.*

Le second des signes mentionné par Hyppocrate consisterait dans la contraction de la matrice qui se resserrerait et qui par ce moyen fermerait son orifice. *Quæ in utero gerunt, harum os uteri clausum est.*

Ces signes et tous ceux que l'on pourrait mentionner comme signes certains d'une copulation féconde sont assurément très équivoques, et ne peuvent en aucune façon être pris en sérieuse considération.

Les signes de la grossesse peuvent être partagés en deux classes, les signes équivoques et les signes sensibles.

Les signes de la première catégorie méritent peu de confiance, ce sont d'abord ceux énumérés plus haut et remarqués par Hyppocrate et Galien. La rétention de la liqueur prolifique après le coït, ce qui n'a jamais lieu chez la femme; de légères coliques à la région hypogastrique, des yeux languissants, entourés d'un cercle bleuâtre, la susceptibilité plus grande du caractère, qui devient capricieux et irritable, la langueur des facultés intellectuelles, un jugement moins sûr, une imagination plus changeante, une volonté plus mobile, il est facile de voir combien sont vagues et incertains ces signes; cependant leur considération n'est pas entièrement à négliger, et il peut se trouver telle circonstance, en médecine légale par exemple, où il soit nécessaire d'en tenir compte.

Parmi les signes équivoques, la suppression du flux menstruel peut être d'un certain poids lorsqu'elle est accompagnée des signes indiqués ci-dessus et surtout des suivants, qui sont, le ptyalisme, le dégoût, les nausées, les vomissements, les appétits bizarres et dépravés, le gonflement des mamelles, la couleur foncée des mamelons et de leurs aréoles, la sécrétion du lait. La tuméfaction du ventre arrivant vers le troisième mois ne peut être regardé comme signe de conception récente, car il peut dépendre de toute autre cause.

Les signes sensibles de la grossesse sont déduits des changements éprouvés par la matrice, des mouvements du fœtus constatés par le toucher et surtout des bruits fournis par la circulation, placentaire et fœtale.

Ce n'est que vers la fin du premier mois, et dans le courant du second, que l'on voit le corps de l'utérus augmenter de volume, s'arrondir, se porter ordinairement en arrière et se rapprocher de la vulve. Vers la huitième semaine la grosseur de la matrice égale et surpasse même celle d'un œuf d'oie. Cependant il ne faut pas perdre de vue que cette grosseur de l'utérus, pour n'être pas confondue avec l'engorgement pathologique de cet organe, doit revêtir certains caractères essentiels.

Ainsi l'ampliation de la matrice contenant le produit de la conception ne peut être perçue qu'au moment de la contraction de cet organe, autrement ses parois souples et sans résistance ne peuvent être palpées. Tandis que l'engorgement de l'utérus, affectant les parois même de l'organe n'offrent pas la rénitence d'une poche contenant un liquide; puisqu'au contraire le toucher et le palper rencontrent un corps dur et compacte complètement homogène.

A trois mois l'utérus remonte un peu et se trouve dans la situation ordinaire, le fond de l'organe répondant au niveau du détroit supérieur.

A quatre mois le fond de la matrice dépasse le détroit supérieur de plusieurs travers de doigts, à cinq mois on le trouve à trois travers de doigts au-dessous de l'ombilic, à six mois, un peu au-dessus de ce point.

A sept mois dans la partie inférieure de la région épigastrique, et à huit mois dans le fond même de cette région.

Pendant le neuvième mois, le fond de la matrice ne s'élève plus, au contraire, il descend presque toujours, et ce phénomène est d'autant plus marqué que l'époque de l'accouchement approche davantage.

Dans l'état de vacuité, l'utérus présente le volume d'une poire aplatie ; sa capacité loge à peine une fève de marais. Au terme de la gestation, sa longueur est de douze à quatorze pouces ; son épaisseur de neuf à dix, sa largeur de huit à neuf.

Je ne parlerai point ici des expériences faites en vue de vérifier le lieu positif de la fécondation de l'ovule, et de son accroissement dans le sein maternel. J'ai cité l'opinion de Coste à ce sujet, et cela doit suffire.

Je ne puis non plus admettre dans le cadre de ce travail purement physiologique, les accidents de la gestation, et je crois m'être déjà beaucoup étendu sur ce sujet dans un livre qui, au résumé, est entièrement destiné aux gens du monde, en vue de détruire les nombreuses erreurs qui circulent dans la société relativement à la reproduction de l'espèce, et à populariser les idées physiologiques résultant des travaux récens et positifs des savants expérimentateurs qui nous ont servi de guides.

Tous les phénomènes relatifs à l'accroissement du produit de la conception sont aussi en dehors de notre cadre, qui ne comporte que ce qui est relatif à la mère.

Après avoir éprouvé pendant quelques mois, toutes les incommodités causées par la révolution qu'a opéré en elle le début de ses nouvelles fonctions, la femme ne tarde pas à ressentir les premiers mouvements, d'abord imperceptibles, puis enfin plus sensibles du fruit qu'elle nourrit dans son sein.

Comment exprimer ces premières sensations de l'amour maternel!.... Quelle plume pourrait retracer les ravissements extatiques de la jeune mère, éprouvant pour la première fois les tressaillements mystérieux qui s'opèrent dans son sein?....

Une commotion magnétique indéfinissable s'est emparé de tout son être..... elle semble écouter d'abord... tous ses sens sont tendus.... elle attend avec une sorte d'angoisse, qu'un signe nouveau vienne lui affirmer le véritable caractère de cette première sensation d'une volupté si douce, mais jusqu'alors inconnue.

Bientôt elle est tirée de son extase par une manifestation de la vie nouvelle qu'elle renferme dans les profondeurs de son sein. C'est avec un bonheur infini qu'elle a constaté ces premières jouissances de la maternité.

Dès lors elle cesse de redouter le terme de la gestation, elle ne pense plus qu'à celui qu'elle nourrit du plus pur de son sang, elle attend avec impatience le moment où elle pourra le voir, le couvrir de baisers, le contempler à son aise, le couver de son regard si plein de tendresse et d'amour.

Souvent elle devient rêveuse, et dans ses extases il lui semble déjà être en possession de ces félicités et de ces ravissements dont elle ne doit pourtant jouir que plus tard.

Ces voluptueuses pensées remplissent trop son être tout entier, pour que son imagination vienne à présent lui retracer tout l'appareil si lugubre des angoisses qui ont tant alarmé autrefois son âme timide et qu'elle doit éprouver avant d'arriver au bonheur.

Ces angoisses, elle ne les redoute plus ; elles les désire au contraire, elle les attend même avec impatience ; elle pressent même à l'avance que ces douleurs sont nécessaires, indispensables, pour atteindre la félicité immense qu'elle ambitionne avec tant d'ardeur.

Avec quel plaisir n'apprête-t-elle pas les premiers vêtements de celui qui occupe désormais toutes ses pensées, tout son être!... Avec quelle sollicitude ne choisit-elle pas tout ce qui lui paraît le plus doux, le plus moëlleux pour couvrir ces petits membres si délicats?... Quels soins, quelle prévoyance!

Regardez-la contempler avec amour ces petits vêtements qui, eux aussi, attendent!... Ce petit nid, où la tendresse a déployé tout son art, et d'où doivent naître les premiers sourires de l'innocente créature déja si chère!... Un tressaillement intérieur, indéfinissable, vient répondre à celui de bonheur et d'amour qu'a fait éprouver une contemplation si douce.

O vous, qui n'avez jamais éprouvé le bonheur de la maternité, cessez de blâmer l'excès de tendresse de cet ange de prévoyance et d'amour. Le sentiment qui l'anime ne peut vous être connu, puisque vous n'avez point été initié aux mystérieuses sensations de l'amour immense, ineffable de la jeune et tendre mère dont vous ne pouvez comprendre, ni l'instinct de prévoyance, ni les timides pressentiments de l'avenir.

C'est, en effet, vers le quatrième mois que le produit de la conception commence à devenir assez fort pour que ses mouvements soient perçus dans le sein de la mère; mais aussi, dès ce moment, comme si, chez la femme, l'économie recevait une impulsion nouvelle, tout semble changer de face.

A ces nausées, à ces défaillances, à ce trouble général causé par le prélude de ces fonctions insolites, succède une énergie qui rend à l'organisme sa marche naturelle. On voit l'appétit renaître, et avec lui l'embonpoint. Chez quelques femmes privilégiées, la fraîcheur du teint indique, en quelque sorte, une exubérance de santé; mais il n'en est pas toujours ainsi, et l'on voit se former, pour l'ordinaire, une sorte de masque qui, commençant par le front, envahit souvent toute la partie supérieure de la face.

A mesure qu'approche le terme de la gestation, les mouvements du fœtus deviennent plus forts, mais il est rare que la santé de la femme en soit dérangée. S'il survient alors quelques malaises, on doit les attribuer bien plutôt à la gêne des fonctions due à l'ampleur excessive de l'utérus et à la compression qu'en éprouvent les organes adjacents, qu'au dérangement de ces fonctions elles-mêmes.

Le terme de la gestation est ordinairement de neuf mois. Cependant il peut y avoir des naissances tardives, et le législateur a dû prévoir cette circonstance en fixant le terme de dix mois, au-delà duquel ces naissances ne seraient plus regardées comme légitimes. Il est inutile de parler ici de cette opinion vulgaire, mais absurbe, quoique autorisée par Hyppocrate, que le fœtus est plus viable à sept mois qu'à huit. C'est là une assertion imaginaire, ruinée par les faits et surtout par le raisonnement.

Dans le but de vérifier d'une manière exacte le terme de l'accouchement, Désormeaux, sur une femme en démence, et que l'on cherchait à guérir par le secours d'une grossesse, fit noter exactement les copulations qui s'effectuaient, seulement tous les quatre-vingt-dix jours. Cette femme devint enceinte et n'accoucha qu'à neuf mois et demi. On a vu des naissances, même au-delà de cette époque. Mériman en cite plusieurs de dix mois passés. D'autres auteurs en citent de onze et douze mois. Je ne parle pas de ceux qui en citent de deux, trois et quatre ans. Toutefois, si l'on considère que bien souvent les enfants, qui naissent à neuf mois, ne sont pas toujours bien conformés, ou sont doués d'une organisation incomplète, on peut supposer que, si la nature réglait sa marche sur la perfection que doivent recevoir ses œuvres, elle aurait pu retarder leur naissance jusqu'au onzième et même au douzième mois. Quant aux naissances à deux, trois et quatre ans, elles tombent dans le merveilleux, et n'ont pu être inventées que dans le but de cacher quelques mystères intéressés ou coupables.

Par contre, beaucoup d'auteurs citent des naissances prématurées de cinq mois ayant réussi grâce à des soins les plus minutieux.

Ainsi du huitième au neuvième mois environ, comme si la nature voulait préparer la femme à la lutte suprême qu'elle va subir; la matrice s'abaisse, la respiration devient par conséquent plus libre, et les digestions plus faciles; la femme se sent plus légère, plus alerte dans ses mouvements. Cependant elle éprouve de la pesanteur, de la gêne dans les excrétions, tout annonce que la gestation est à son terme, et qu'un grand changement va s'opérer dans l'économie.

PARTURITION.

Lorsque le produit de la conception a acquis tout le développement exigé pour une vie nouvelle, il est rejeté du sein de sa mère par un travail désigné sous le nom d'accouchement, parturition, et, dernièrement par quelques auteurs, sous celui de tokologie.

Cette opération, toute organique, n'est en réalité qu'une excrétion, tant il y a d'analogie entre l'expulsion du fœtus, et celle des matières devenues inutiles ou même nuisibles à l'économie.

Le terme de la grossesse a été fixé à neuf mois, parce que ce temps a été nécessaire à la nature pour développer le fœtus, qui, semblable à un fruit arrivé à maturité, ne peut plus vivre dans la matrice qui l'expulse. Toutes les raisons recherchées par les auteurs anciens et modernes pour expliquer les causes de l'accouchement, sont spécieuses et ne méritent même pas d'être reproduites. Celui qui a réglé les fonctions si mystérieuses de la conception, a aussi fixé le terme de la gestation, sans qu'il soit donné à l'homme d'en connaître les véritables causes.

L'acte important par lequel doit se terminer la gestation est toujours précédé d'un travail préparatoire que subissent plusieurs parties, qui d .vent jouer un rôle plus ou moins grand.

Ainsi, déjà dans les derniers mois, les seins ont commencé à fournir une sécrétion que l'on nomme *colostrum*, sorte de lait épais et jaunâtre destiné à remplir les canaux galactophores et à les préparer à leur nouvelle fonction.

Le vagin devient le siége d'une sécrétion muqueuse très abondante ayant pour but, d'une part, de favoriser l'énorme dilatation qu'il va bientôt éprouver ; d'autre part d'enduire les parois de ce canal d'un mucus gras et onctueux pour rendre plus facile le glissement de la tête de l'enfant.

Le travail de l'accouchement commence, tantôt brusquement, tantôt il est annoncé plusieurs jours à l'avance par des maux de reins ou par de petites coliques fugitives et passagères. Ces petites coliques se traduisent par une contraction lente de la matrice qui se durcit et qui alors peut se circonscrire dans tout son entier. Ce durcissement de la matrice est le résultat de la contraction simultanée de toutes ses fibres qui tendent à en rapprocher les parois pour expulser le produit de la conception.

Ces premiers symptômes de la parturition sont, pour la jeune femme, les avant-coureurs de la lutte qu'elle va subir. Tout semble dès lors se préparer pour le grand événement si impatiemment attendu et pourtant si redouté.

Quelles doivent être les pensées de la jeune mère à ce début d'une lutte dans laquelle elle a déjà vu tout son être paralysé, anéanti?.... Quel ne doit pas être son effroi?...

Heureusement qu'elle a en regard l'espérance d'un bonheur sans égal. Quelque grandes que puissent être les douleurs qu'elle va endurer, ne sait-elle pas qu'elles sont nécessaires?... Ne sait-elle pas que, pour elles, il y aura compensation?... Aussi, voyez-la, après avoir été paralysée par l'horrible contraction de toutes ses fibres, elle sourit, car elle sait que ces atroces douleurs ne lui enlèveront pas la vie : cette vie qui va être désormais si nécessaire au fruit de ses chères amours.

Quelle est donc l'étendue de l'amour maternel, pour qu'il puisse venir équilibrer le drame cruel de la parturition?... Ah! s'il est vrai que le plaisir ne puisse se mesurer qu'au prix de la douleur et de la peine qu'on a éprouvées pour y arriver, je comprends que le bonheur de la maternité doit être immense.

Telles étaient les anciennes victimes de la foi chrétienne. Elles, aussi, souriaient à leurs bourreaux en quittant le chevalet ensanglanté, car leur attente était celle d'un bonheur éternel et sans égal. Oui, l'amour maternel va jusqu'au fanatisme.

Mais déjà sont terminés tous les apprêts que réclame le moment suprême. Les douleurs, d'abord éloignées, sont devenues plus fréquentes; leurs étreintes de fer deviennent plus prolongées. Aux gémissements qu'elles provoquaient ont succédé des cris déchirants. Les muscles, paralysés par la douleur, ne peuvent plus supporter les membres de la patiente, ses os semblent broyés.

Tout, autour de la malade, commence à prendre un aspect plus solennel; les importuns se sont retirés; soutenue seulement par celui qui partagea ses plaisirs, elle se cramponne à lui, comme si ses soins et ses caresses devaient lui enlever une partie de ses souffrances.

Déjà sont développés ces langes qui ont nécessité un si doux travail, et sur lesquels se sont abaissés tant de tendres regards.

On a introduit l'homme de l'art dont la présence seule alarme encore la pudeur, et dont les secours vont devenir si nécessaires, et plus tard, tant désirés.

Enfin est dressé ce lit de douleur, nommé à si juste titre *lit de misère*. La malade est invitée à y reposer ses membres déjà brisés. Là va se passer les derniers moments du drame.

Combien seraient effrayants tous ces apprêts, pour cette jeune mère, si les atroces douleurs qui la torturent n'avaient déjà paralysé son intelligence.

Cette chambre, dont les portières et les stores baissés, ne permettent plus qu'un demi jour; ce silence solennel qui règne autour d'elle, ces sanglots étouffés qui répondent aux cris déchirants que lui arrache la douleur; tout, jusqu'au costume sévère de l'homme de l'art, dont le front calme et froid, dissimule souvent une anxiété si poignante; mais, c'est ce lit, surtout, qui semble posé là comme le chevalet destiné à la souffrance; tout, dis-je, lui apparaît désormais sous un aspect sinistre.

Les plaisirs de l'amour seraient-ils donc si criminels, que Dieu les fit expier par tant d'atroces douleurs?.... Mais, mon Dieu, pardonnez, à ceux qui ne peuvent interpréter vos décrets sublimes, ces paroles sacriléges. O non, si les douleurs de la maternité sont si grandes, c'est que vous avez voulu que les joies en fussent immenses; et il ne pouvait en être ainsi que par la transition d'une douleur immense à une joie plus immense encore, puisqu'elle devait amener avec elle l'oubli complet de la douleur.

Plus le moment suprême approche, plus la femme perd le sentiment d'elle-même et de tout ce qui lui est cher. Toute entière dominée par les douleurs affreuses, déchirantes, qui se sont emparées de tout son être, et qui lui font croire à une mort certaine, elle finit par ne plus songer qu'à sa conservation personnelle. Pareille à une victime livrée à la torture; complètement bouleversée, anéantie par les efforts de cet organe impitoyable, dont les contractions, sans cesse renouvelées, broient ses membres sous leurs étreintes de fer, et déchirent ses fibres les unes après les autres; elle ne s'appartient plus.

Folle d'effroi et de douleur, tantôt elle invoque un nom chéri, tantôt elle appelle celle qui lui donna le jour, tantôt elle supplie l'homme de l'art d'abréger ses maux, tantôt aussi, elle appelle à son secours le Dispensateur de toutes choses et la Protectrice naturelle des pauvres mères.

L'instinct de la conservation a repris tout son empire. Qu'importe désormais à sa pudeur la présence du médecin? elle l'invoque, au contraire. Ses charmes, hélas!... elle n'en a plus la conscience; elle sait bien, la pauvre victime, que le seul sentiment qu'elle puisse inspirer c'est celui de la pitié. Qu'elle soit débarrassée le plus vite possible, là est toute sa pensée, peu lui importe le reste. Un égoïsme profond a remplacé tous les sentiments les plus tendres, toutes les espérances enivrantes de bonheur. Bien heureux, hélas!... qu'il en soit ainsi à ce moment suprême : en effet, si tant de souffrances ne devaient amener qu'un malheur? si l'enfant arrivait mort, alors que les douleurs ne sont encore que le prélude des espérances savourées avec tant de charme? Comment supporter une déception aussi cruelle?...

Avec quelle admirable prévoyance la providence a-t-elle su établir l'équilibre parfait qui règle ici le plaisir et la douleur, l'espérance et la déception?...

C'est alors que la femme pieuse, que la femme vraiment vertueuse, sait trouver en elle la force de supporter une si poignante déception. Sans être fataliste, la femme vraiment chrétienne sait si bien courber le front devant les décrets de la Providence!... Elle, chez qui la vie est si spécialement providentielle, elle, l'instrument mystérieux de la création; elle, en un mot, chez qui tous les phénomènes organiques de la vie revêtent le cachet du mystère, ne semble-t-elle pas plus que l'homme rapprochée de la Divinité?...

Enfin, après une attente plus ou moins anxieuse, entremêlée de gémissements et de cris navrants arrachés par d'affreuses douleurs, les fibres fléchissant, se déchirant même sous les efforts puissants, impitoyables de l'utérus convulsionné, livrent passage au produit de la conception.

Un immense cri de douleur, prolongé, terrible, pareil au dernier cri du naufragé, répond à cet effort suprême de l'économie en délire; puis, à cette horrible scène, succède un silence profond; tout se tait autour de la malade, tombée elle-même dans le collapsus le plus complet.

Le drame est fini; la scène va changer et offrir un tableau tout différent. Chacun attend que la vie se soit manifestée chez le nouvel être; ce moment est encore marqué par une grande anxiété.

Insensible à tout ce qui l'environne, la femme, à ce moment où une vie nouvelle de joie et de bonheur va commencer pour elle, a depuis longtemps oublié le but de tant d'atroces douleurs, lorsqu'au milieu de cet anéantissement complet de tout son être, un petit cri, faible d'abord, puis plus fort, convulsif, vient lui apprendre qu'elle est enfin mère.

Dès lors, elle semble renaître à la vie. Tout à l'heure, elle s'était crue perdue, elle n'entendait plus, ne voyait plus rien, aussi maintenant, dans cette transition subite, incompréhensible, elle a tout oublié; elle ne se rappelle plus que d'une chose, c'est qu'elle a un enfant, qu'elle est mère, que cet enfant dont elle entend les faibles cris est à elle, qu'il est sorti de son sein. Elle veut le voir, son regard le cherche, elle veut le couvrir de baisers, le réchauffer de son souffle maternel.

Comment peindre ce qui se passe à ce moment dans le cœur de la jeune mère? ce ravissement, ce tressaillement instinctif de félicité suprême?... Non, la plume ne peut trouver les expressions propres à retracer tant de bonheur!... tant d'émotions si diverses de tendresse et d'amour !...

LACTATION.

Cependant va commencer pour la mère une vie nouvelle d'abnégation et de soins assidus. En effet, réduite à ses moyens individuels, cette frêle existence de l'enfant succomberait inévitablement, dans la lutte inégale qu'elle va engager contre toutes les causes de destruction qui l'environnent; car, plus qu'aucun des autres mammifères, l'homme arrive au début de la vie dans le dénuement le plus complet. Nu, il a besoin d'être couvert; incapable de pourvoir à sa subsistance, si on ne lui présente des aliments convenables, il est exposé à mourir de besoin. Mais la nature veille sur lui et ne l'abandonne point dans un moment aussi critique. Les liens qui l'unissaient à sa mère, pour être un peu relâchés, ne sont pas entièrement détruits : les rapports de ces deux êtres, naguère confondus, identifiés, vont encore, temporairement du moins, se continuer d'une manière intime.

Deux ou trois jours après l'expulsion du produit de la conception, apparait une réaction générale avec mouvement du sang vers les mamelles, ce qui constitue la fièvre de lait.

Dans les premiers jours, le lait, d'un aspect jaunâtre, a des propriétés laxatives qui servent à faire expulser au nouveau-né le méconium. Avec le temps ce lait acquiert des qualités nutritives proportionnées aux besoins croissants de l'enfant.

La succion par l'action de la langue sur le mamelon, l'attouchement du sein par les mains délicates du nouveau-né, son souffle même, font éprouver à la mère une sensation voluptueuse qui favorise la sécrétion et l'excrétion du lait, caractérisées par une sorte d'éréthisme de la glande mammaire et du mamelon.

Si l'on nous demande pourquoi la sécrétion laiteuse s'établit ainsi positivement deux ou trois jours après l'accouchement, nous répondrons que cette succession harmonique des fonctions est telle, parce que celui qui a présidé aux phénomènes organiques l'a ainsi établi.

Les conditions nécessaires à une bonne nourrice se tirent ordinairement de son âge, de la constitution de son corps, de ses mamelles et de la nature de son lait.

L'âge le plus convenable est de vingt à trente ans, il faut qu'une nourrice soit saine, d'une santé ferme et d'un embonpoint médiocre

Ses mamelles ne doivent pas porter de cicatrices; fermes et charnues, elles ne doivent pas être trop grosses. Les bouts des mamelles doivent être un peu élevés, de grosseur et de fermeté médiocres.

Le lait ne doit pas être trop aqueux, mais blanc, doux et sucré.

La mère qui néglige volontairement et sans raisons de nourrir son enfant, *n'est mère qu'à demi*, a dit un philanthrope; mais une pareille supposition n'est-elle point déjà une calomnie?... En effet, un pareil abandon des devoirs les plus sacrés de la maternité est impossible. Supposer qu'une mère, sans raison plausible, sans impossibilité absolue, puisse refuser de nourrir son enfant de son lait, c'est calomnier l'amour maternel.

Eh quoi!... comptez-vous donc pour rien la puissance des droits instinctifs sur un raisonnement spécieux?...

Oh! qu'il faut bien peu connaître le cœur d'une mère pour le croire capable d'abandonner ainsi son enfant à des mains étrangères sans en avoir le cœur brisé! Non, non, allez chercher d'autres causes à un abandon toujours involontaire, mais que commande une nécessité plus ou moins spécieuse, peut-être, et que l'on est toujours obligé de présenter à la mère désespérée comme dictée par la raison.

Pourriez-vous donc refuser à la femme l'instinct naturel aux animaux les plus féroces?... La tigresse, la lionne, seraient-elles donc présentées à la femme comme des modèles de tendresse?..

Combien ceux qui ont ainsi calomnié le cœur brisé de la jeune mère connaissent peu ce qu'il renferme d'affection et d'amour!..

Quand donc cesserons-nous de calomnier ainsi celles à qui nous devons la vie et les seuls charmes qu'elles puissent nous offrir?...

Non, il est impossible d'admettre, même comme exception, qu'une femme puisse négliger, *volontairement et sans raisons*, de nourrir l'enfant sorti de son sein. Toujours cette dérogation aux règles de la nature est basée sur une cause qui, le plus souvent même, émane d'un excès d'amour maternel. Celle-ci refuse le sein au nouveau-né, parce qu'elle craint de lui vouer une constitution mauvaise et délicate; celle-là, parce qu'elle est persuadée qu'une nourrice fraîche et bien portante aura de meilleur lait, et que la campagne conviendra mieux à la constitution débile de son enfant. Toutes enfin n'opposent à l'allaitement que des raisons ayant pour but le bien-être du nouveau-né, et, le plus souvent, leur raisonnement n'est que trop juste.

Ne doit-on pas attendre de la femme toutes les affections, tous les sentiments de compassion, de tendre charité, de conciliation, qui entretiennent la société, lient ses divers membres, resserrent les nœuds de la famille, et forment le plus délicieux ornement de la maternité?...

Par sa tendresse, la femme sent le besoin de s'attacher, d'aimer, elle s'adresse au cœur. Et vous voudriez prétendre que l'enfant peut implorer en vain sa pitié?... N'établissez donc point une généralité là où il ne pourrait exister qu'une anomalie monstrueuse du vice.

On est tellement habitué aujourd'hui à calomnier les femmes, que la plume se laisse sans cesse entraîner à les déchirer sans pitié, comme sans réflexion. Si l'on avait eu moins de tendance à se laisser passionner par les paradoxes de cette éducation à la Jean-Jacques, peut-être aurait-on trouvé plus d'indulgence pour la jeune mère, qui, en réalité, consent à s'éloigner de son enfant, plutôt par abnégation maternelle que par insensibilité. N'y aurait-il pas plutôt de l'égoïsme à conserver dans l'atmosphère empoisonnée des grandes villes un enfant, sous prétexte qu'on y est soi-même enchaîné par les affaires, et que l'on n'a pas le courage de vaincre sa trop grande sensibilité. La nature elle-même ne réprouverait-elle pas de pareils sentiments?...

La femme est prête à tout braver pour ses enfants, elle affronte les plus grands dangers. Ne l'a-t-on pas vue s'élancer dans les flammes, dans les ondes, pour leur sauver la vie?... Ne l'a-t-on pas vue lutter contre les bêtes féroces pour ressaisir le fruit de ses amours?...

Tous les infortunés lui appartiennent : dévouée à l'opprimé, à l'infirme, elle partage ses affections, elle se charge de ses douleurs. Et vous prétendriez l'avoir vue repousser de son sein l'innocente créature qu'elle a déjà nourrie pendant neuf mois de son sang le plus pur?...

La femme, dites-vous, qui n'allaite pas son fils, éprouve moins d'amour maternel. Ne vous y trompez pas, le sentiment maternel ne peut être ainsi affaibli, et vous prenez assurément pour un sentiment de désaffection ce qui ne peut être qu'un petit dépit passager contre le pauvre petit être qui repousse des caresses qu'il n'était point habitué à recevoir; ce petit être, du reste, qui ne vit encore que de la vie organique, a bien plus de tendance à caresser l'étrangère qui le nourrit que sa mère vers laquelle aucun sentiment instinctif ne l'appelle encore. Le lait que sécrètent les mamelles de la jeune mère serait assurément le mieux approprié à l'état des organes de celui qu'elle vient de mettre au monde, si cette jeune mère pouvait réunir toutes les qualités requises pour faire une bonne nourrice. Près de qui, d'ailleurs, l'enfant trouverait-il mieux qu'auprès de sa mère les soins empressés, la tendre sollicitude, les attentions délicates et continuelles dont il a tant besoin, et qui contribuent si puissamment à fortifier son existence si débile?... Mais au sein des grandes villes surtout, l'allaitement devient souvent impossible. Le défaut de sécrétion du lait, ses mauvaises qualités, se rencontrent là plus que partout ailleurs. La conformation vicieuse des mamelons et des mamelles est aussi un obstacle insurmontable.

L'habitation des lieux bas, humides, resserrés, soustraits à l'influence solaire, rend nécessaire le transport de l'enfant à la campagne, où il trouvera dans un air vif et pur une ample compensation aux soins que la mère doit renoncer à lui prodiguer.

Les femmes d'une constitution affaiblie et disposée à la phthisie doivent renoncer aux douceurs de l'allaitement.

On a dit que l'enfant pourrait toujours trouver un aliment convenable dans le sein qui l'a porté jusqu'à sa naissance. On voit, par ce qui est dit plus haut, que cette pensée est plus brillante que juste, et toutefois elle se trouverait en dehors de la question, qui consiste à donner au nouveau-né une constitution meilleure que celle dont il a hérité dans le sein maternel. L'organisation altérée de la femme exerce pendant la gestation une action trop pernicieuse sur l'enfant, pour qu'il ne soit pas indiqué de le soustraire, sitôt après sa naissance, au foyer impur où il a puisé la vie.

La tendresse d'une mère pour celui à qui elle a donné le jour est toute spontanée, toute instinctive, elle est due entièrement à cette impulsion naturelle qui revêt tous les caractères du délire et qui la porte à affronter les plus grands périls pour épargner à son enfant la plus petite douleur.

L'allaitement peut être continué, selon les besoins de l'enfant et les forces de la mère, six, huit ou douze mois, quelquefois plus. Alors se termine le dernier phénomène organique du groupe génésique.

Cependant l'enfant n'est point encore séparé de sa mère, il aura encore longtemps besoin de cet ange tutélaire qui ne cessera de veiller sur l'objet de ses plus tendres affections.

Nous l'avons déjà dit : l'amour des sens chez la femme est dès lors remplacé par l'amour maternel, d'où vont découler des torrents de tendresse et de sollicitude.

La première éducation de l'enfant appartient incontestablement à la femme. C'est elle qui le nourrit de son lait, c'est elle qui veille sur ses premiers pas, c'est elle qui lui apprend à prononcer les premiers mots; mais aussi, en récompense, c'est elle qui reçoit son premier sourire, ses premières caresses, de même que la première parole qui sort de sa bouche chérie est celle de *maman.*

Les mères gâtent, dit-on, les enfants. Qu'entend-on par gâter un enfant? Est-ce lui laisser suivre sa propre impulsion ou ne pas lui imposer sa propre volonté?... Mais si cette première impulsion est bonne, si elle indique un bon penchant, pourquoi la contrarier?... Que savez-vous si son caractère se pliera aussi facilement que vous l'espérez à la volonté que vous prétendez lui imposer?...

On est toujours prêt à blamer le système d'éducation de son voisin, et l'on ne s'aperçoit pas que l'on est soi-même souvent dans une voie plus fausse encore.

L'éducation de l'enfance consiste, non à lui imposer un penchant qu'elle n'a pas, mais à cultiver celui qu'elle manifeste. Et, pour une pareille tâche, qui sera aussi attentif, aussi patient, aussi désintéressé qu'une mère tendre et éclairée? Personne, plus qu'elle, ne cherchera à rendre son enfant heureux, puisque ce bonheur est son seul rêve, le seul but de sa vie; c'est par sa douceur, par ses caresses, qu'elle arrivera à combattre un penchant vicieux. En développant la sensibilité de l'enfant, elle le rendra soumis et obéissant, par crainte de lui déplaire. C'est en identifiant cet enfant à ses goûts, à son exquise délicatesse de sentiments et de pensées, qu'elle pourra lui inspirer le goût du beau et du bien. Et qui mieux qu'elle peut remplir une pareille tâche?... Sa tendresse n'a-t-elle pas su conserver la confiance de celui qu'elle a mis au monde. Ne demandez pas à ce jeune homme accompli qui lui a inspiré le goût des arts, où il a puisé la distinction et la noblesse de ses manières; mais regardez sa mère, voyez l'intimité qui existe entre ces deux êtres, dont la vie, les goûts, les pensées, se sont confondus, identifiés ; elle seule a été son guide, sa confidente, son amie; c'est elle qui l'a initié à la vie; c'est dans son sein qu'il a puisé les leçons qui doivent le guider vers le bien et le prémunir contre les dangers qui l'entourent.

La violence, la contrainte envers les enfants, ne peuvent servir qu'à les rendre faux et menteurs; en leur faisant craindre le châtiment, vous éloignez leur esprit de la vérité. Si vous ne parvenez à gagner leur confiance, ou plutôt si vous avez perdu cette confiance, ils chercheront toujours à vous cacher leurs actions, même les moins répréhensibles.

La mère seule, par sa bonté et sa tendresse, sait conserver la confiance de ses enfants; à elle l'enfant ose tout dire, parce qu'il est sûr de l'impunité.

N'employez donc point la violence pour leur apprendre à faire le bien, mais persuadez-les, et, par votre amour, aidez-les à surmonter les petits obstacles que leur opposent leurs penchants naissants.

La douceur, la tendresse maternelle, sont assurément les plus sûrs garants d'une bonne éducation première, car la mère seule peut, dans le jeune âge, développer la sensibilité du cœur sans laquelle il est difficile de tendre vers le bien.

La confiance acquise par la mère persiste toujours, et plus tard elle devient la confidente de ses enfants. C'est ainsi qu'elle arrive à les prémunir contre les dangers qu'ils pourraient encourir dans le monde, et s'ils reviennent vers elle avec un cœur brisé par les déceptions, ils trouvent encore dans son sein tous les trésors de son amour maternel.

L'amour maternel, lorsqu'il est payé de retour, est assurément l'obstacle le plus naturel aux penchants vicieux. En effet, sans cesse occupée de l'avenir de son enfant, la tendre mère sait qu'il ne trouvera le vrai bonheur que dans la pratique de la vertu.

FIN.

TABLE DES MATIÈRES.

FIN DE LA TABLE.

ANGERS. — IMPRIMERIE ET LIBRAIRIE DE JULIEN LECERF.

www.ingramcontent.com/pod-product-compliance
Ingram Content Group UK Ltd.
Pitfield, Milton Keynes, MK11 3LW, UK
UKHW021051220726
13924UKWH00005B/2070